农业发展新模式

温室农业新技术

李乡壮　主编

西北工業大學出版社

【内容简介】 本书介绍了农业发展新模式，主要内容包括绿色农业与有机农业、观光农业、温室农业新技术、节水农业新技术、无公害农业推广技术。本册主要介绍了温室农业的意义、发展模式等内容。

图书在版编目(CIP)数据

温室农业新技术/李乡壮主编．—西安：西北工业大学出版社，2012.1(2014.10 重印)
(农业发展新模式)
ISBN 978-7-5612-2809-8

Ⅰ．①温… Ⅱ．①李… Ⅲ．①温室栽培 Ⅳ．①S62

中国版本图书馆 CIP 数据核字(2010)第 114902 号

出版发行：西北工业大学出版社
通信地址：西安市友谊西路 127 号　　邮编：710072
电　　话：(029) 88493844　88491757
网　　址：www.nwpup.com
印 刷 者：陕西省富平县万象印务有限公司
开　　本：787 mm×1 092 mm　1/32
印　　张：15.875
字　　数：276 千字
版　　次：2012 年 1 月第 1 版　2014 年 10 月第 5 次印刷
定　　价：39.00 元(全套共 3 册)

序　言

人生有许多梦想，而我的梦想之一就是为农民、农村、农业服务，这套农业丛书的出版，让我的这个梦想得以实现。

我的童年是在农村度过的，换句话说，我拥有绿色的童年。正是那时的历练与陶冶，使我在此后的城市生活中做到了处变不惊，胜不骄，败不馁。多少年来，始终萦绕在我心头的是挥不去的浓浓乡情。

我大学毕业去单位报到，领导看见我的名字二话没说就将我分到了农村救济科；我进入报界，主编同样不假思索地让我在《乡村》栏目任职，后又派我到《农村天地》杂志社工作八年。总之，我的工作离不开农村与农业，朋友也是农民居多。不谦虚地说，就是城里人不屑或者说是不会的农活我也会干几样，比如水稻育苗、葡萄嫁接等。

身后有余忘缩手，眼前无路想回头。就在我为出版这套丛书四处搬兵、网罗人才时，得到《吉林日报》社农村部主任张力军，副主任石威，群工部主任孟繁杰，记者林启龙、王继富的积极响应与帮助。在此对帮助我的朋友表示诚挚的谢意。

俗话说，人多力量大，众人拾柴火焰高。我的老领导，曾经在《农村科学实验》《农村天地》《畜牧兽医》杂志任主编、主任的周振和、吕维也加入了这个团队，使我的力量大增，从而保证了这套丛书的质量，在具有科学性、实用性的同时，技术上也有了一定的新高度。

我希望这套丛书能为推动新农村建设尽微薄之力。当然，由于时间仓促，书中难免有不足之处，敬请广大读者及朋友批评指正。

目 录

第一章　简　述

人们经常用温室里的花朵来形容被呵护甚至被溺爱的孩子。这个贴切的比喻说明了温室的作用，柔弱的幼苗需要度过的自然恶劣的生长环境可以通过人工方法的温室来改善，为其创造出适宜生长的环境，从而利于它们茁壮成长。

温室作为人类智慧与科技文明的结晶，除了可以应用于花卉、果蔬生产、水产养殖及种养结合的生态模式以外，已经作为调节植物生长、控制局部气候的特殊建筑，逐渐进入休闲观光、餐饮娱乐等行业领域。设计师利用现代温室的调控手段，配合园林景观的独特设计，为消费者营造出小桥流水、鸟语花香、四季常青的自然生态环境。

本册主要深入浅出地介绍了温室的建造、结构功能以及温室农业栽培的一些新技术，希望广大农民朋友在阅读后能将所学所得更广泛地应用于现代化农业生产中去，并获得更好的经济利益。

随着科技发展的日新月异，温室更为主要地应用于花卉、果蔬的超季节栽培，为人们带来了更多的经济效益。

现代化温室，更打破了传统农业生产模式，在温室的建设与管理之中融合了计算机技术，成为现代农业生产发展的生长点和助推器，是现代农业的代表模式和发展方向。在冰岛，聪明的当地人利用地热为热源，广泛发展温室农业，获得了在自然条件下无法栽培的蔬菜和果品，丰富了人们的饮食结构。我国温室农业的栽培面积也在迅速发展，近些年已经出现了利用地热资源作为能源的温室。

第一节 温室主要功能

一、温室

温室也叫暖房、温房，是一种全部或部分采用覆盖材料作为围护材料的一种建筑形式。温室具有良好的透光性、保温性等优点，可以通过人工控温方式在反季节或其他不适宜露地植物生长的季节栽培植物，是栽培农作物的最好设施之一。温室可以在不适宜农作物生长的季节里，为农作物提供合适的温度、水分，用以适宜作物的环境，促进农作物的生长。另外，采用温室栽培技术还可以增加经济效益。

温室的种类很多，依据各有不同。按屋架材料，可分为玻璃温室、塑料温室；按采光材料，可分为单栋温室、连栋温室；按外形，可分为单屋面温室、双屋面温室；按加温条件，可分为加温温室、不加温温室等。根据温室的最终使用功能，也可将温室分为生产性温室、试验性温室和允许公众进入的商业性温室。蔬菜栽培温室、花卉栽培温室、养殖温室等均属于生产性温室；温室实验室、人工气候室等属于试验性温室；各种零售温室、观赏温室、商品批发温室等则属于商业性温室。

温室建筑结构不但要密封保温，在建造时还要考虑通风降温。现代化的温室中已经有了控制光照、温度、湿度等条件的先进设备，并且随着电脑在人们生活中的广泛应用，电脑在温室中的应用程度也越来越广泛。

二、温室的保温和透光功能

（一）温室的保温功能

温室最主要的功能之一就是保温。冬季温室增加温度消耗的能量巨大，成为发展温室的一个主要障碍。更好地提高温室保温性能，降低能耗，是提高温室生产效益的最直接手段。

我们衡量温室性能好坏的一项最基本指标就是温室的保温比。温室的保温比，是指热阻较小的温室透光材料覆盖面积，与热阻较大的温室围护结构覆盖面积与地面积之和的比。温室的保温比越大，说明温室的保温性能越好，反之则温室的保温性能比较差。

（二）温室的透光功能

温室增加温度主要是依靠室外阳光，通过采光材料进入室内增温来实现的，因此温室的透光率也是评价一个温室性能好坏的主要标准。温室的透光率是指透进温室内的光照量与室外光照量的百分比。

温室透光率与温室覆盖材料的透光性和温室骨架的阴影有直接的关系。覆盖材料的透光性差,温室内骨架支柱的阴影过多都会降低温室的透光率,而且温室的透光率随着不同季节太阳辐射角度的不同,也在发生着变化。

温室透光率的高低会直接影响作物的生长和种植作物品种的选择。一般情况下,连栋塑料温室的透光率为50%~60%,玻璃温室的透光率为60%~70%,采用特殊材料的日光温室透光率可达到70%以上。

三、温室的耐久功能

每一座温室在建造的时候都必须要考虑到温室的耐用性,温室只有耐用才能更好地为人们增加收入。怎样才能提高温室的耐用性,是人们在建造温室时必须要思考的一个问题。

温室的耐久性主要受到温室材料的耐老化性能、温室主体结构的承载能力等因素的影响。在建造温室时,要选用一些特别耐用的温室材料。

温室透光材料的耐久性除了自身的强度外,还表现在材料透光率随着时间的延长而不断衰减,而透光率的衰减程度是影响透光材料使用寿命的决定性因素。

由于温室运行长期处于高温、高湿环境下,构件的表面防腐就成为影响温室使用寿命的重要因素之一。一般来说,钢结构温室使用寿命在 15 年以上，竹木结构简易温室使用寿命为 5～10 年。

钢结构温室，受力主体结构一般采用薄壁型钢，自身抗腐蚀能力较差，在温室中必须采用热浸镀锌表面防腐处理，镀层厚度达 150～200 微米以上，可保证 15 年的使用寿命。对于一些木质结构或钢筋焊接桁架结构的温室，必须保证每年做一次表面防腐处理。这样才能延长温室的使用寿命。

第二节 温室的建造及条件

一、温室群的建造

(一)布局

建造温室要注意做好整体布局工作，这样才能使其发挥最大效益。如果建设单栋温室，只要选好位置，注意所选温室地址的阳光是否充足、水源是否充足等问题就可以了，一般不用考虑场地的规划。但要建设温室群，就必须合理地对温室及其辅助设施进行布局，这样才能优化资源配置，以最少的占地面积获得最大的土地利用率，以最少、最低的生产成本，获得最大的利润，达到增加收入的目的。

在总体布局的时候，应优先考虑种植区温室群的位置，要使整个温室群场地处在采光、通风等的最佳位置。按照我国国情，温室的一些辅助设施，如仓库、锅炉房、水塔等应建在温室群的北面，这样可以避免它们遮挡温室的阳光；温室的烟囱则应布置在主导风向的下方向，以免烟囱中的大量烟尘飘落到覆盖材料上，影响温室的透光性；温室的保鲜室及仓库等既要保证与种植区有最紧密的联系，又要便于交通运输。

（二）间距

现代大型温室一般都有很多栋，控制好温室栋与栋之间的距离对温室生产大有益处。控制好温室之间的距离，可以有效减少占地面积，提高土地利用率。一般情况下，前后栋之间的距离不宜过大，但在保证最小距离的前提下，前面的温室不能遮挡后面温室的阳光。

温室距离的确定，可以根据冬至日中午12时前排温室的阴影决定，标准是前排不影响后排采光。一般情况下，纬度越高，冬至日的太阳高度角就越小，温室的阴影就越长，这样在建造温室的时候前后栋间距就应相应地加大。

（三）方位

在建造温室群过程中，合理选择温室的建筑方位很重要。当然，温室的建筑方位一般与温室的造价没有直接的关系，但是温室的方位会影响到温室内采光和温室内的温度，这也就会影响到温室带来的经济效益。

其实，温室的方位也就是人们日常所说的温室屋脊走向。一般情况下，人们建造温室都会将温室的透光面朝南，因为这样才更有利透光，所以最好是东西方位。

地理位置的不同对现代温室的影响比较大，科研人员经过研究表明，随着纬度的增高，东西方位温室的日平均透光率要比南北方位的大。建造温室还需注意的一个问题，就是要尽量避免在向北面倾斜的斜坡上建造温室群。这是因为在这样的地方建造温室群，会造成早晚阳光受阻挡，影响温室内的温度。

(四)其他设施

建造一定规模的温室群，除了温室种植区外，还必须有相应的辅助设施，这样才能保证温室的正常生产。这些辅助设施主要有加温设施、水电设施、消毒室、控制室、加工室、仓库以及办公休息室等。

二、温室建造的条件

温室作为永久性保护地设施建筑，在建造时投资费用比较大，因此在建造前要对其做综合衡量。影响温室建造的因素有很多，综合起来主要有气候因素、地形因素、土壤因素、水电和交通因素几点。

(一)气候

建造温室时，首先应考虑的问题就是所选地的气候条件是否适合，这是因为气候条件是影响温室安全与经济性的重要因素之一，这里所说的气候条件包括气温、光照、风、空气质量和自然灾害等。

1. 气温

气温是建造温室首先应考虑的一个因素，只有掌握了一个地方的气温，才可以正确估算在冬季给温室进行加温以及夏季降温所用的能源消耗，这样也可以更好地估算每年在使用温室时所用的费用。

在掌握可能建造温室地域的温度变化过程的基础上，如果有能力也可着重对其纬度、海拔高度以周围的海洋、山川、森林等对气温的主要影响因素进行综合分析，这样可以更好地掌握当地的气温变化，对管理温室有很大的帮助。

2. 光照

光照强度和光照时间对温室内植物的光合作用及室内温度状况的影响非常大。在建造温室时，必须考虑到所选地的光照。光照主要受地理位置和空气质量等因素影响。一般都应在光照时间比较长、光照强度比较大的地方建造温室。

3. 风力

建造温室也要对当地的风速及风向加以考虑。北方地区冬季比较寒冷，建造温室应该选择在背风向阳的地带。为了在冬季能够更好地保暖，还应尽量避免在冬季寒风带建造温室。另外，由于我国北方冬季多西北风，一般可以在房屋的避风处建造温室。

有很多温室都是全年生产，这些温室应该注意在夏季利用主导风向进行自然通风换气，这样会更有利于温室内的作物生长。为了使温室能够经久耐用，温室应避免在强风口或强风地带建造，以免因风的振动而影响温室的寿命。

大规模建造温室，要选择一面有天然屏障的地方，其他三面也要采取一些必要的人工屏障。值得注意的是，这些屏障一定要与温室保持一定的距离，以免影响光照。

4. 空气质量

建造温室应选在没有空气污染的地方，因为空气质量的好坏对温室作物的影响非常大。空气质量好坏的衡量标准，主要是大气的污染程度。现在大气的污染物主要有臭氧、过氯乙酰硝酸酯类以及二氧化硫、二氧化氮、氟化氢、乙烯、氨等。

因此，建造温室应尽量避开城市污染区，选在城镇、工矿的上风向，以及空气流通良好的地带。在建造温室之前要注意观察该地附近建筑物是否受公路、工矿灰尘影响以及影响的严重程度。

5. 自然灾害

现代温室都是选用塑料、玻璃等做覆盖材料，内部的结构也越来越简单，但是它们的承重能力却不是很高。在建造温室时，要注意考虑雪、冰雹等自然灾害。

一般情况下，雪对轻型结构温室的威胁力最大，很多大型温室排雪都很困难，大雪压在温室上容易将温室压变形或损毁。因此，应尽量避免在雪大的地带建造温室。

冰雹也是建造玻璃温室不得不考虑的一个自然灾害。冰雹对普通玻璃温室的危害性比较大，建造时要对当地发生冰雹的可能性有一个了解，避免将普通的玻璃温室建造在可能发生冰雹的地区。

（二）地形

建造温室对地形也有一定的要求。不可选择地质条件较差的地方，否则可能会因为局部的承载能力比较差而导致温室受力不均，而向某一个方向下沉，从而影响到温室的使用寿命。所以温室的建造应尽量选在平坦的地方建造，这样既可以节省一部分费用，也有利于温室的管理。温室最好是选建在地面坡度不大于1%的地方，因为如果同一栋温室内坡度过大，会影响室内温度的均匀性；坡度过小，又会影响温室的排水。

（三）土壤

温室大多都是用于有土栽培，并且温室内要不间断地进行高密度种植，因此温室内的土壤就显得尤为重要。建造温室之前要对温室土壤进行选择。如果选择有误，就会影响到整个温室的效益。

选择土壤时，要注意土壤团粒结构好坏、渗透排水能力快慢、土壤吸水力的大小以及土壤的透气性等。土壤的这些基本能力都与温室建造后的经济效益有密切的关系。在选择土壤时，还要注意选择改良比较容易、改良费用较低、提高产量潜力比较大的土壤。在这里给想建造温室的朋友们一个提醒：排水能力不好的土壤要比肥力不足的土壤更难于改良。

土壤以选择沙土为宜，这是因为沙土储藏阳离子的能力较差，养分含量低，但是输送养分却非常快。现代高密度种植的作物，需要的就是精确而又迅速地达到施肥效果，因而选用沙土比较合适。如果选择黏土，虽然它的养分相对高一些，需要的人工施肥量也低一些，但是在输送养分时却比较慢，不太适合现代温室高密度种植的作物。

（四）水电和交通

水是温室选址时必须考虑的因素，水质和水量对温室都有很大的影响。虽然温室室内的地面蒸发和作物的叶面蒸腾要比露地小很多，但是温室的用水量依然很大，温室用于灌溉、水培、供热、降温时的水量、水质都必须有一个良好的保证，特别是对于现代大型的温室群，这一点显得更为重要。

影响温室水质的主要原因是水源的污染，建造温室要尽量避免建在水源污染的下方，这样对水质会有一个保障。另外，建造现代大型温室，还要有排、灌方便的水利设施。

对于现代大型温室而言，电力是必备条件之一，特别是现在有很多的温室都用电来采暖、降温、人工光照，因此应有可靠、稳定的电源，并且要保证不间断的供电。

交通对温室的影响最为明显，温室栽培的都是新鲜的蔬菜水果，都需要及时供应到市场，这样才能体现出温室的价值。温室产品如果不能及时运到市场，其新鲜度就会下降，就不能提高经济效益。因此，温室应选择在交通便利的地方，但应避开主干道，交通主干道的过往车辆较多，带起的尘土也比较多，这样会污染到温室的覆盖材料。

第三节　温室的分类

一、按发展史分类

温室按照其发展历程，可分为原始型、土温室型、改良型、发展型和现代型几种类型。

原始型的温室主要是指火室、暖窑，这类温室是需要在内部进行加温，以保证温室内的温度。

土温室主要是指二折式温室、一面坡日光温室，这类温室要比原始型的先进很多，但是在使用的过程中还是有很多的麻烦。

改良型温室就是现在人们常见的普通日光温室。

发展型日光温室主要是指有发展前景的一些节能日光温室，这些温室因为具有节能、省材等特点，具有很好的发展前景。

现代型温室主要是指现代大型的连栋温室。

二、按室内温度分类

温室按照室内的温度，可分为高温温室、中温温室、低温温室和冷室。

高温温室的室内温度一般都保持在18～30℃，这种温室主要用来栽培一些热带植物或者在寒冷的冬季用来栽培各种蔬菜、花卉。

中温温室的室内温度一般保持在12～20℃，这种温室主要是用来栽培热带、亚热带植物。

低温温室的室内温度一般保持在7～16℃，主要是用来栽培亚热带、暖温带植物。

冷室的室内温度一般保持在0～10℃，主要是用来保证亚热带、暖温带植物安全越冬。

三、按透明屋面分类

温室按照其透明屋面，可分为单屋面温室、双屋面温室、连接屋面温室、多角屋面温室等。

(一)单屋面温室

单屋面温室主要有一面坡式、立窗式、一折式、二折式、三折式、拱圆式等。由于拱圆形日光温室也是改良式日光温室，拱圆式塑料薄膜日光温室的跨度、高度、长度与一斜一立式塑料薄膜日光温室相同，在这里主要介绍一下拱圆式温室。拱圆式塑料薄膜日光温室与一斜一立式塑料薄膜日光温室主要区别是前屋面的形状为弧形。从温室的整体看，拱圆式温室的前部为拱形，所以也叫做半拱式温室。拱圆式塑料薄膜日光温室有竹木结构和钢管结构两种类型。

1. 竹木结构拱圆式塑料薄膜日光温室

竹木结构拱圆式塑料薄膜日光温室的骨架是由木杆、竹竿或竹片建造，墙体一般都是用草泥搭成的土墙，温室的后屋面多是抹上高粱秸秆粉末或玉米秸秆粉末的草泥。竹木结构日光温室的造价比较低，便于大面积推广。这种温室也有其固定的缺点，就是一般都不耐用，温室里的立柱也比较多，既不利于作业也会遮挡一部分阳光。

2. 钢管结构拱圆式塑料薄膜日光温室

钢管结构拱圆式塑料薄膜日光温室的山墙和后墙都用砖砌成，温室的后屋面覆盖上水泥预制板。温室的前屋面为钢架结构，用6分钢管作拱架上弦，用直径约12毫米的圆钢管作拱架下弦。

钢管结构拱圆式塑料薄膜日光温室坚固耐用，温室里没有支柱，在温室内作业非常方便。这种温室的缺点就是造价高，一次性投资大。

（二）双屋面温室

双屋面温室有很多，如玻璃温室、试验用温室、塑料加温温室等。

（三）连接屋面温室

这种温室的两斜面之间一般以排水槽相连，经常见到的是华北地区的一些圆拱形屋面温室。

（四）多角屋面温室

多角屋面温室在各地植物园和公园中经常见到，公园中的一些四角形、六角形、八角形的大型玻璃温室都是多角屋面温室。

四、按能源分类

温室要维持植物生长的必须温度，就必须有固定的热源。根据热源的不同，可以分为加温温室和日光温室。加温温室主要有地热能温室、工厂余热温室、人工能源加温温室等类型。日光温室白天和夜间的热量都是靠太阳辐射供给，这种温室是我国温室的主要类型，也是一种值得提倡和发展的温室类型。

加温温室需要进行人工加温。加温设施主要有炉子、火炕、暖气等。加温温室也利用太阳光进行加温，只是其温度可以完全由人来控制。这种温室非常适宜蔬菜生长发育，但它的耗能量比较高，从而增加了许多生产成本。

日光温室没有人工加温设施，完全以日光作为热源，再加上这样的温室一般都有一个良好的保温环境，也就创造出一个比较适宜农作物生长的温度环境。目前，我国的绝大部分温室都是日光温室，这种温室在建造的时候比较方便，所用的设施也都很简单，造价低廉，生产时还不消耗其他能源，成本较低。这种温室的缺点就是不能人为控制温度，受外界的影响比较大，有时还有可能发生冻害现象。

五、按形状分类

温室按其形状的不同，有以下几个类型：

（一）一立一坡式温室

这种温室是我国一种最传统的温室形式。温室的覆盖材料可以是玻璃，也可以是塑料薄膜。另外，这种温室既可以作日光温室，也可作加温温室。这种温室的保温性能比较好，土地利用率也比较高，但是温室的透光性不是很好。

（二）二折式温室

这种温室的前屋面是由两个不同角度的透光面组成的，因此温室的空间要比一面坡温室空间大很多，在进行田间操作时也比较方便。这种温室一般都是玻璃加温温室，由于这种加温温室内的温度和光照情况都比较好，因此它在整个冬天都可以进行蔬菜栽培。

（三）一面坡温室

这种温室是在一立一坡式温室的基础上发展起来的一种形式。该温室取消了前面的立窗，增加了温室采光面的坡度，因而提高了温室的透光性能。这种温室冬季采光比较好，保温力也比较强，但它的前侧太低，不能种植较高的蔬菜，在操作管理上也不是很方便。

（四）三折式温室

这种温室有三个不同角度的透光面，这样就可以保证温室内有比较充足和均匀的光照。此种温室的室内空间比较大，有利于操作管理。三折式温室虽然透光面积增大，但相应的散热面积也增大，所以，一般多用于加温温室，透光材料大部分都采用玻璃材料。

(五)拱圆形温室

拱圆形温室是塑料薄膜在农业生产上广泛应用的基础上产生的。这种温室的透光面为多种倾角,因此温室的光线非常好,这种温室的升温也比较快。该温室如果保温做得好,在我国的华北甚至东北的一些地区,都可以实现越冬生产。

另外,用塑料薄膜代替玻璃作为透光材料,不仅节省了很多费用,在建造的时候也比较方便,而且还易于维修,现在这种温室已成为我国日光温室的主要形式。

(六)连栋式温室

大部分有屋脊连栋、拱圆连栋等形式。覆盖材料主要是玻璃材料、FRP 板或 PVC 硬质板等。全部屋顶和墙体均为透光面,采光好,室内空间大,便于管理,易于实现机械化,但保温性能差,耗热量高。

六、按屋顶形状分类

(一)平屋顶温室

平屋顶温室的屋顶是采用在两层铁丝网之间铺上塑料薄膜形式来保暖的温室,这种温室非常简陋,现在已经很少利用。

(二)圆拱形屋顶温室

这类温室的跨度比较大,一般情况跨度可在 12 米左右。这种温室特别适合于柔性塑料薄膜作采光材料,同时也适合于硬质塑料板。

(三)尖拱形屋顶温室

尖拱形与圆拱屋顶温室一样,既适用于柔性塑料薄膜,又适用于硬质塑料板作屋面透光材料。但与圆拱屋顶温室相比,尖拱形温室在高纬度地区,其透光性能更好。另外,尖拱形屋顶温室也便于雨水或室内雾滴的自然流落到天沟中,不会在薄膜上形成存水现象。

(四)双坡或单坡屋顶温室

这种屋顶是最普通的一种,适用于包括玻璃在内的各种硬质覆盖材料。

后三种屋顶形状的温室结构,既可以设屋脊通风口、天沟通风口,也可以完全密闭不设自然通风口。

第四节 我国现代化温室的发展

一、我国现代化温室发展历史

我国的现代化温室起步较晚。20世纪50年代末,才有屋脊式大型玻璃温室。60年代初期,曾在东北地区建成占地达1公顷左右的大型玻璃温室,但由于施工技术水平的局限,又没有配套设备,温室功能没有得到充分的体现。改革开放初期,我国先后从保加利亚、荷兰、罗马尼亚、美国、日本、意大利等国,引进了20几座现代化温室,配套设备齐全。

这些温室的引进对我国现代化温室的兴起和发展起到了积极的促进作用。

20世纪90年代，随着改革开放的深入，我国蔬菜和花卉市场的不断开放与扩大，我国现代化温室的引进、转化、建造、普及发展呈迅猛趋势。特别是“九五”期间，在国家宏观调控和各地产业结构调整的大环境下，从中央到地方相继建设了一大批不同规模和不同类型的现代化农业高新技术示范园区。这些园区大都把现代化温室的建设和应用作为重要组成部分，作为进行专业化、集约化、商品化、规模化生产的试验示范基地，有力地推动了我国现代化温室的快速发展。

目前为止，我国现代化温室面积近3300公顷。温室配套设备的种类日趋完善，质量日趋成熟，包括遮阳、通风、降温、加温、保温、自动控制和计算机管理。温室的整体建造水平已基本达到发达国家同类产品的水平，初步形成我国现代化温室的技术体系和系列产品，而且在对我国气候的适应性、材料选择、制作工艺、配套设备等，以及在加温、保温、通风等方案的选择上更符合我国国情，具有一些本国特色。

二、我国现代化温室发展现状

近几年来，随着国家对农业的高度重视，我国自行设计建造了许多全光型和现代化日光温室，这些现代化温室的基本的建筑形式包括单栋的双坡屋面温室和连栋温室。

单栋双坡屋面温室的建筑结构形式包括人字形对称双坡屋面、不对称双坡屋面、折线式屋面、拱形屋面等外形的温室。这种温室的采光量比较大，侧墙直立或角度较大，在温室内进行栽培管理和耕作比较方便，但是保温性能不是很好。拱形屋面一般采用玻璃作覆盖材料，而硬质塑料板可适用于各种形状的屋面。

连栋温室就是将两栋以上的单栋温室在屋檐处连接起来，在连接的时候去掉连接处的侧墙，再加上檐沟，所以连栋温室又叫做连跨温室、连温室。连栋温室加大了温室的规模，可适应大面积甚至工厂化植物生产的需要。连栋温室的保温性能一般都比较好，在单位面积的土建造价上也要节省很多投资成本，而且这种温室可以减少占地面积，有效提高土地使用率。因此，连栋温室要比单栋温室更有利于降低造价，节省能源。连栋温室虽然有很多优点，但也存在着其本身的缺点。连栋温室单位建筑面积上的采光率要小于单栋温室，在各栋之间加设的天沟，极易造成冬天的积雪存在里面，给排雪造成一定的困难。这样也给温室结构带来较大的负载，而且其宽度造成结构遮光；随着栋数的增加，采用开门窗进行自然通风换气困难，从而采用机械强制通风，增设 CO_2 发生器和必要的降温设施。

三、我国现代化温室在性能上的优势

现代化温室与普通温室比较，透光率高，光照的时间也

比较长，且光照分布比普通温室要均匀得多。

由于现代化温室采用先进的加热手段，温室覆盖材料的改善和抗风结构原理的进步，因此现代化温室的温度比普通温室要好调控得多，不论什么样的天气、季节、时间，都可随时满足植物正常生长发育所需的温度。同时，现代化温室的高度也有所增高，高度的增加是为了增加空间，以容纳更多的悬挂机具；另一个原因在于现代化温室代表增高屋顶，增加更多的缓冲空间，因此温室内部温湿度的变化越缓和，气候越稳定。

现代化温室在最寒冷的冬季，夜间最低温度也不会低于15℃。由于气密性好，尤其采用双层充气膜和使用湿帘降温系统的现代化温室，温室内的空气湿度都比较大，在密闭条件下可达饱和。同时，由于现代化温室多采用无土栽培，这样就避免了重茬和土壤内存留病害等问题。

现代化温室有非常大的跨度。大跨度温室是相对于小跨度温室而言的，早期的温室由于受到材料、工艺、施工技术的限制，通常跨度在6～10米；由于新材料、新工艺的引进与转化，现代化生产温室的跨度通常增至8～12米，一些大的花卉销售展厅和生态餐厅均采用15米以上的网架结构。如此大的跨度有利于提高机具作业的便利性和温室面积的利用率；对于生态或景观温室，大的跨度有利于园林环境的布置和自然环境的创造。

由于地域的差异和温室用途的不同，现代化温室的形式也是多种多样的。由引进现代化温室初期的人字尖顶大屋面和文洛式小屋面温室发展成各种屋面形式的温室，例如圆拱形、锯齿型、折叠屋面型。每种形式的温室设计都是为了满足更好地采光、通风和保温的要求。

覆盖材料工业的进步与发展，为温室覆盖材料的应用与普及奠定了基础。到目前为止，除了玻璃以外，各国使用的塑料覆盖材料有上百个品种 ，而且还在不断增加。从原来使用最多的玻璃，塑料膜 PVC，PE，PE－EVA，逐渐推广到聚碳酸酯板及 PC 板大规模使用。在 PC 板的透光率和自洁性等方面的研究中，有些厂商已经有了突破性的进展，但在性价比上还有待于进一步提高；在功能性温室覆盖材料的研究开发工作方面，目前已经推出了具有光环境调节作用的转光薄膜。这些新型覆盖材料的普及指日可待，它们必将为温室种植业带来更大的经济效益。

第二章　温室的材料

第一节　温室的建筑材料

一、钢材

建造现代温室，很多人都会选用钢材做建筑材料；在选用温室建筑钢材种类时，一般都选含硅低的钢材。用钢材来建造温室，可以增强温室的耐用性，但是温室内每一天都要保持一定的温度和湿度，因此钢材在这样的环境中容易被腐蚀。为了增强钢材的抗腐蚀性，建造之前要对钢材的表面做一定的处理。

为防止钢材被腐蚀，在选定钢材的产品以后，要对所选的钢材镀锌，这样才能有效延长钢材的使用寿命。在给钢材镀锌时，不同的部件要采用不同的镀锌方法，镀锌主要有电镀锌和热浸镀锌两种方法。

热浸镀锌是在普通钢材上加上一层锌保护层，从而可以有效延长钢材的使用寿命。热浸镀锌，最好在所有的构件都已经进行过弯曲、钻孔或焊接等处理以后，这样再加上锌保护层就可以直接用螺栓安装使用了。

电镀锌后的钢材表面非常光滑，因而常用这种方法将那些直接与柔性覆盖材料接触的构件镀锌，例如温室内屋顶的圆拱与檩条。采用这种镀锌方法既可以保护温室的覆盖材料，又可避免钢材腐蚀。

为确保钢材较长的使用寿命，包括直接与聚乙烯膜接触的所有构件，最好都采用热浸镀锌的方法。圆拱与檩条不用热浸镀锌是因为与电镀法相比，热浸镀锌构件的表面质量比较粗糙，有可能撕破覆盖在上面的薄膜。

二、铝材

铝材在建造现代温室中的利用率比较高，这是因为铝材的抗锈蚀能力比较好，且重量也比较轻。另外，铝材在加工成任何一种所期望的断面形状时也比较容易。但是选用铝材也有一定的弊端，铝材的强度不如钢，而且在价钱上也要比钢材贵很多，因此在建造温室时，可以在某些部件上选用铝材。

在温室建筑上采用铝材制作的部件有很多，在这里给大家介绍一些常见的铝材部件。一般与通风系统有关的所有构件，包括屋脊檩条都是采用铝材制造的，这是因为这些地方承重力不是特别大，宜选用轻巧便利的型材。另外，用于固定塑料薄膜的各种部件，也比较适合用铝材。

三、塑料

塑料是建造温室常用的一种材料，用于温室的塑料材料有聚氯乙烯、高密度聚乙烯、聚丙烯和聚碳酸酯。其中一些聚氯乙烯部件，还常用于代替铝构件或配件领域，如用于卷幕机构的连接部件、保温与遮光幕、格架系统等。在选用塑料时，要根据当地的具体气候条件有选择性地进行。

第二节 温室的覆盖材料

温室的所有结构都是为了更好地固定覆盖材料，因为覆盖材料及其覆盖材料的特性是整栋温室中最重要的部分。

温室覆盖材料的好坏，直接决定覆着温室的保温能力，这些材料有着保温的好坏。理想的覆盖材料应是透光性能比较好，且能阻止热量向外散失、坚固耐用、便于安装、价格便宜。由于不同的作物对环境的要求不同，因而在选择覆盖材料时，应根据不同作物的要求进行选择。

一、玻璃覆盖材料

玻璃作为温室的覆盖材料，现在使用范围依旧比较广，在大多数气候寒冷的国家，玻璃仍然是常用的覆盖材料。一些特殊生产制造的大块玻璃，被用来建造温室以后可以大大降低温室的遮阳率，同时还可以降低很多费用。在一些国家里已经出现了从温室的屋檐到屋脊只用一块特大型的玻璃。

选用玻璃覆盖材料具有很多优点：首先，玻璃的透光性比较高，透光率一般都可以达到90%，这样也就提高了温室的室温。其次，玻璃的寿命比较长，最长寿命可以达到20多年，并且玻璃还具有阻隔紫外线的能力。最后，玻璃的热胀冷缩系数比较低。

玻璃覆盖材料虽然具有很多的优点，但也有无法克服的自身缺点。普通玻璃非常容易破碎，这也就给温室管理带来了一定的麻烦，但是随着科技的不断进步，现在出现的钢化玻璃已经能够解决玻璃易碎的问题。这种钢化玻璃具有一定的抗碎性，但是价格非常高，这就增加了温室的成本，而且这种玻璃的重量也比较大，在选材的时候都要给予考虑。

二、聚乙烯薄膜覆盖材料

聚乙烯薄膜在气候适中的国家，是一种最常见的温室覆盖材料。聚乙烯薄膜得以普遍应用，是因为它的价格非常低，大大降低了温室的成本。另外，这种薄膜在使用时也非常方便，因此被大量用于简易结构温室。

聚乙烯薄膜在发展的初期，并没有像现在这样受到欢迎，这是因为它在问世之初使用寿命非常短。聚乙烯薄膜刚开始的时候，只能使用7～9个月，但是现在它的性能已经得到了改善，使用的寿命也已经延长。

现在最先进的聚乙烯薄膜已经采用三层处理方式，这就使这种薄膜的性能得到了极大的提高。现在这种薄膜的最上层使用了含有防紫外线的添加剂,中间一层增加了透光吸收剂,最下一层使用了保温添加剂。

目前生产的聚乙烯膜厚度在100～250微米之间,用在温室的屋顶上可以使用4年。另外,这种薄膜的宽度也有所增加,现在最大幅宽可达16米,使用长度可以根据人们的实际需求来定。

聚乙烯薄膜也有自身的缺点,这种薄膜的最大缺点就是难于固定,在起风的时候这种薄膜宜被风鼓起,铺在温室的屋顶时一定要固定好。

三、多层编织的聚乙烯膜覆盖材料

多层编织的聚乙烯膜是在聚乙烯薄膜基础上研制而成的,这种覆盖材料是由聚乙烯经拉丝,并像编织地毯一样编织而成的新产品。这种多层编织聚乙烯薄膜的表面上有一层很薄的保护层,这也就使该材料变得非常结实,它的强度几乎是普通薄膜的20倍。

这种新型的编织聚乙烯薄膜透光率也比较好,其透光率可以达到80%左右,但是这种薄膜的价格要比普通薄膜高很多,其价格大约是普通薄膜价格的3～4倍。

这种新型的聚乙烯薄膜,不容易被拉伸,因此它的结实程度可以更好地抵挡强风。但是这种薄膜没有普通薄膜那么宽,一般不能满足温室屋顶的宽度所需,只能靠连接。另外，这种编织薄膜的使用期也不是很长，一般也就能用 3 年左右。

四、增强型聚氯乙烯薄膜覆盖材料

普通的聚氯乙烯薄膜，具有与玻璃覆盖材料类似的特性。普通清洁的聚氯乙烯膜的透光性可以达到85%，但是它容易膨胀，也正是由于这个原因，在温暖气候里就会变得松弛，这时如果遇到大风就有可能把薄膜吹坏。

增强型聚氯乙烯膜是在普通聚氯乙烯薄膜的基础上发展而来的。这种薄膜实际上是在一种由聚酯材料织成的网，在网的两侧再覆盖上普通的聚氯乙烯薄膜而成的。但是这种网非常结实，可以有效防止聚氯乙烯薄膜的膨胀，并增强了材料的总体强度。

目前市场上出售的这种增强型的聚氯乙烯覆盖材料，有红色膜和透明膜两种。这两种薄膜的透光率有一定差别，透明膜的透光率要比红色膜的透光率高一点，其中红色膜的透光率为 80%左右，透明膜的透光率为 85%左右。这种增强型的聚氯乙烯膜的厚度比较大，一般为 0.325 毫米，因此这种薄膜比较重，在尺寸较大时也就难于处理。

现在这种增强型聚氯乙烯薄膜的宽度也不是很大，在使用时如果想要得到理想的宽度也需要通过焊接获得。另外，这种薄膜的价格也很高，是普通聚乙烯薄膜的 7～8 倍，但它的使用寿命要长一些，在国外一些地方，它的使用寿命已经达到了5年。

五、硬质塑料覆盖材料

硬质塑料覆盖材料中的一种优质材料就是玻璃纤维增强塑料板，这种塑料板在国外已经使用很多年了。在国外的市场上，有各种不同的产品，它们的使用寿命也各不相同，有一些特殊保护层的硬质板，它们的使用寿命最高可达20年，但是这些材料的价格都非常高。

硬质塑料板在新的时候透光率和玻璃的比较接近，但是这种塑料板在使用几年以后，纤维就会开始脱离聚酯，这样就会造成透光率下降，而且这种塑料板也开始变黄。

这种塑料板比较适宜在常有冰雹危害的地方使用，因为它不容易被损坏。现在也已经出现更新更好的塑料，因此这种塑料板的应用范围也得到了扩大。

六、聚碳酸酯板覆盖材料

聚碳酸酯覆盖材料是目前塑料中应用最先进的聚合物之一。聚碳酸酯具有很多别的材料无法比拟的优点，这种覆盖材料的强度、透光率、弹性等都比较高，是一种比较好的覆盖材料。

聚碳酸酯板的制造是采用改进的共挤成形技术，它可以将紫外线保护层很好地结合进产品中。这种保护层具有不起皮，不变皱，不产生裂缝或磨损等特点，增加了聚碳酸酯板的使用时间。另外，这种板在高温下仍可以保持其透光度。

硬质透明的波纹状聚碳酸酯板的可见光透光率高达90％，这样可以完全阻挡有害的紫外线，对远红外线也有较高的吸收率。另外，这种新型的聚碳酸酯板的重量比较轻，非常易于安装，并且透光率的使用期限也有所提高，对防止冰雹危害也有一定的保证。

七、PVC透明板覆盖材料

PVC板也是用于覆盖温室的硬质塑料中的一种。PVC板是塑料装饰材料的一种，是聚氯乙烯材料的简称。PVC树脂是由氯乙烯单体聚合而成的热塑性高聚物，是以聚氯乙烯树脂为主要原料，加入适量的抗老化剂、改性剂等，经混炼、压延、真空吸塑等工艺而成的材料。

PVC属无定形聚合物，含结晶度5％～10％的微晶体。PVC的相对分子质量、结晶度、软化点等物理性能随聚合反应条件而变。以PVC树脂为基料，与稳定剂、增塑剂、填料、着色剂及改性剂等多种助剂混合经塑化、成型加工而成PVC树脂塑料。

一般的PVC树脂塑料制品的突出优点是难燃性、耐磨性、抗化学腐蚀性、气体水汽低渗漏性好。此外其透明性、电绝缘性、隔热性也比较好，是性能价格比最为优越的通用型材料。缺陷是热稳定性和抗冲击性较差，无论是硬性还是软质PVC，使用过程中容易产生脆断。

第三章　各种温室类型

第一节　塑料温室

大型连栋式塑料温室是近十几年出现并得到迅速发展的一种温室形式。与玻璃温室相比,它具有重量轻、骨架材料用量少、结构件遮光率小、造价低、使用寿命长等优点。其环境调控能力基本上可以达到玻璃温室的相同水平,塑料温室用户接受能力在全世界范围内远远高出玻璃温室,成为现代温室发展的主流。

一、塑料温室的保温性能

塑料温室是以塑料薄膜为覆盖材料的不加温、单跨拱屋面结构温室。塑料温室具有建造容易、使用方便,投资较少等特点,是一种简易的保护地栽培设施。随着塑料工业的发展,塑料温室在世界各国都得以广泛应用。

塑料温室在北方地区主要是起到春提早、秋延后的保温栽培作用,春季可提前30～50天,秋季能延后20～25天,但是在北方不能进行越冬栽培。在南方地区除了冬春季节用于蔬菜、花卉的保温和越冬栽培外，还可更换成遮阳棚，用于夏秋季节的遮阳降温和防雨、防风、防雹等。

塑料温室的透光率一般都在60%～75%。为保证全天平均光照的基本平衡，温室平面布局多为南北延长的形式。

塑料温室能充分利用太阳能，具有一定的保温作用，并通过卷膜在一定范围内调节室内的温度和湿度。

塑料温室一般情况下在室内不需要加温，靠温室效应积聚热量。其最低温度可比室外温度高1～2℃，平均温度高3～10℃。

二、塑料温室的结构

塑料温室的总体结构在不同国家有不同的尺寸要求。但就总体而言，通用温室跨度一般在6～12米之间，温室高3～4米。以自然通风为主的连栋温室，在侧窗和屋脊窗联合使用时，温室最大宽度宜限制在50米以内，最好是在30米左右；而以机械通风为主的联栋温室，温室最大宽度可扩大到60米，但最好限制在50米左右；对温室的长度，应从操作方便的角度来考虑，只要方便操作就可以，最好是限制在100米以内，但没有严格的要求。

塑料温室一般都是采用热浸镀锌钢管做主体承力结构，这些都是工厂化生产，现场安装就可以了。由于这种新型的塑料温室自身重量比较轻，因此对风、雪荷载的抵抗能力相对要弱一些，所以，对温室整体结构的稳定性要有充分考虑。

一般要在室内第二跨或第二开间处设置垂直斜撑，在温室的外围护结构以及屋顶上也要考虑设置必要的空间支撑。最好有斜拉杆锚固于基础，形成一个空间受力体系，这样就可将温室更好的固定住。

塑料温室主体结构至少要有抗 8 级风的能力，一般要求抗风能力最好达到 10 级，因为在大风的时候，温室的晃动非常大。主体结构的雪荷载承载能力要根据建设地区实际降雪条件和温室的冬季使用情况确定。在北方使用，设计雪荷载能力每平方米不能小于 0.35 千克。对于整年运行的塑料温室，还要考虑诸如一些温室配备的设备重量、植物吊重以及维修等多项荷载因素。

第二节　玻璃温室

玻璃温室是采用玻璃为透明覆盖材料的温室。在设计玻璃温室的时候，除了满足温室的承载要求外，还要考虑温室的稳定性和抵抗不均匀沉降的能力。玻璃温室的支柱非常重要，建造温室的时候，各个支柱之间除了具有支撑作用外，还应具有足够的传递水平力的作用和空间稳定性。

温室的底部应位于冻土层以下，采暖温室可根据气候和土壤情况，考虑采暖对基础冻层的影响。一般基础底部应低于室外地面 0.5 米以上，基础顶面与室外地面的距离应大于 0.1 米，以防止基础外露和对栽培的不良影响。除特殊要求外，温室基础顶面与室内地面的距离宜大于0.4米。

玻璃温室的基础应以钢筋混凝土和砖瓦砌成为宜，通常采用砖、石砌体结构，施工也是采用现场砌筑的方式进行，基础顶部常设置一钢筋混凝土圈梁以安装埋件和增加基础强度。玻璃温室的主要结构包括温室承重结构和保证结构稳定性所设的支撑、连接件、坚固件等部件。

目前，我国玻璃温室的钢结构设计主要是参照一些发达国家的温室技术进行的，因此玻璃钢结构的强度、玻璃的刚度、耐用性等都是比较好的。

第三节　单屋面温室

一、单屋面温室温度

单屋面气温的季节变化仍受外界气候变化的影响，但一年四季温度都要比露地高。在高纬度地区，这种季节变化更为明显，但是可以相对缩短3～5个月的冬季。

气温的变化还与外界天气状况有关。晴天，温室内的平均气温就会相应地增加很多，即使在较为寒冷的12～2月份，气温仍能达到20～30℃。3月份以后，在不放风的情况下，晴天气温一般可达30℃以上，最高可达40℃。阴天，尤其是连阴天或雨雪天气，温室内白天气温则较低，与外界气温相差较小。

二、光照特点

单屋面温室的光照强度不是很好，有时还会出现光照不足的现象。这是因为受温室透明覆盖材料的影响，温室内的可见光被反射或吸收，使进入温室内的可见光比外界要少很多，即使在入射角为 0°时，透光率也仅为 90%。

另外，这种温室还会受到温室骨架遮阳、季节变化、覆盖材料老化、尘埃污染等原因的影响。在实际生产中，透光率还会大大下降，有时甚至下降到50%以下，特别在冬季，往往造成室内光照严重不足。这种温室的光照时数也不是很多，由于覆盖保温等原因，使温室光照时间明显减少。

单屋面温室由于骨架结构、建筑材料、屋面角度及建设方向等原因，温室内光在垂直和水平方向上分布都不是很均匀。一般情况下，南侧的光照比较强些，北侧则相对弱一些；上部强一些，下部则弱一些；午前在东侧山墙外形成一个弱光区，午后在西侧山墙外形成一个弱光区。

这种温室是用塑料膜薄做覆盖物，因此要比玻璃的光质好一些，紫外线透过率也比较高，栽培农作物时的维生素 C 以及含糖量会高一些，农作物的品质也比较好。

三、单屋面温室温度日变化

单屋面温室气温日变化规律与外界基本相同，即白天气温高，夜间气温低。

在气温较低的季节里，晴天最低温度出现在揭去上面透明覆盖物保温被或草帘子后半小时左右，然后温度才开始上升，上升幅度一般为 5～6℃每小时，到中午 12 时温室的温度达最高值。下午 14 时以后开始逐渐下降，每小时可以下降 4～5℃，在盖上覆盖材料以后温度下降开始缓慢，16 时至次日 8 时，温度要降低 5～7℃。阴天温室的昼夜温差不是很大，一般 3～5℃，晴天时的昼夜温差要明显大于阴天。

另外，温室的夜间气温，还与温室结构及管理好坏有直接关系。在保温措施较为完善的情况下，温室内的夜间气温一般可保持在 7～12℃。但如果温室设施结构不合理或者管理不善，夜间气温会变得很低，有时甚至低于外界自然气温。这就是人们在温室栽培中常见的"室温倒转"或"室温逆转"现象。在冬春的夜间，尤其是黎明时刻，温室内的气温低于温室外气温。这主要是由于保温措施不当，温室内散失的热量不能及时得到补充所致。

温室内的气温随外界日温及季节气温的变化而有所改变，存在着明显的季节温差和较大的昼夜温差。冬季和早春气温比较低的时候，在晴天时气温的变化较为有规律，一般午夜至次日凌晨日出之前，温室内的气温最低。日出以后随着太阳辐射的不断增加，温室效应也逐渐加强，气温会不断上升，温室内的最高气温出现在上午 11 时至下午 1 时。下午 2 点以后，气温又开始下降。温室内气温变化，在天气晴朗、少云、光照充足时变化非常明显和剧烈，温室栽培应根据需要及时进行降温或保温调节。在阴雨天，太阳辐射比较弱，气温变化会相对弱一些。

四、单屋面温室地温变化

温室内地温的变化也存在着明显的日变化和季节变化，但地温的变化相对弱一些。地面的温度在温室揭去上面覆盖物且太阳出来以后会迅速上升，一般在下午 2 点达到最高值，2 点以后地温会逐渐下降。

距离地表 5 厘米处的土壤因散热途径较多，升温速度一般比较慢，地温与气温不协调，对温室内的作物有一定的影响。一般在一天中，地温最高值和最低值的出现时间，会随土壤的深度不同而不同。5 厘米处地温最高值一般出现在下午 3 点前后。以后，深度每增加 5 厘米，其最高地温出现的时间大致要后延 2 小时。

温室内的地温在晴天白昼，平均地温随深度的增加而下降；阴天白昼，则随深度的增加而上升。1 月份温室内的地温南北方向差异较大，以中部稍偏北为最高，比南、北两端0.5米处分别高7℃和5℃左右，而且由于土壤的热辐射和传导作用，覆盖面积越大，土壤的保温效果越好。

第四节　日光温室

一、拱圆形钢架结构日光温室

拱圆形钢结构日光温室，前面坡为拱圆形，内部结构为钢结构。

拱圆形钢架结构的日光温室跨度一般在7～8米之间。这种温室的后墙高1.8～2米，后墙一般为砖墙，最好是空心砖墙，温室的后坡长1.5～1.7米，这样温室后坡的投影长度在1～1.5米之间。

拱圆形钢结构温室，前后屋面的骨架为钢结构一体化半圆拱形桁架，上弦为6分钢管，下弦为钢筋，上、下弦间的距离应在15厘米左右。

这种温室的前屋面为拱圆形，后屋面那段桁架可以是直线型，也可以是微拱形。后屋面与温室的最高点要有30厘米左右距离，这样可以便于管理人员每天卷放盖在后屋面上的草垫子。另外，前屋面距前底脚半米左右处的屋面高度要保证1.2米以上，这样才方便人们在温室内活动。

前屋面为双弧面构成的半圆拱形，下、中、上三段各点切线与地平面的夹角分别要掌握好，因为这几个角度都不一样。拱形桁架后端搭在后墙上，与事先在后墙端合适位置作好的钢筋预埋件焊接在一起，前端与前底脚钢筋预埋件焊在一起。

拱形桁架东西向间距 0.8～1 米，后屋面上端东西向用钢管或角铁焊在桁架上弦上面做接杆，前屋面用钢筋做接杆焊在桁架下弦上面。另外，还要焊 2～3 道拉杆把各个拱架连成一体。

后屋面用竹帘子做房箔，上面盖两层草帘或草垫子，再覆一层旧薄膜，最后盖上土，后面屋要呈缓坡状。这种温室可以在后墙外培防寒土；如果砌成空心夹层墙，厚度达 1 米左右，可不培防寒土。

前屋面覆盖薄膜后，在薄膜上两个拱架之间用铁线或专用压膜线顺屋面压住薄膜。这种温室室内无顶柱，骨架简单牢固，室内采光非常好，而且也方便作业，但是这种温室的成本较高。

二、拱圆形竹木结构日光温室

拱圆形竹木结构的日光温室跨度一般在 7.5 米左右，中脊的高度为 2.5～3 米，后墙高 1.8 米左右。这种温室一般是以土墙为主，墙的厚度在 1 米左右；也可采用石墙，石墙的厚度一般在0.5米左右。在墙的外面要培土，以增加温室的防寒能力。

这种温室的前屋面要立前柱、两根腰柱及中柱。前柱高1米左右，中柱要向北倾斜10°～15°。前柱要顶在后屋面的柁上，前柱、腰柱上东西向搭横梁，横梁上需按拱杆位置钉高5厘米左右的小吊柱，拱杆固定在小吊柱上，拱杆后端固定在后屋顶脊檩上，拱杆间距一般在0.5米左右。

由于后屋面受力较大，因此要选择较为粗大的中柱，中柱的间距2米左右1根。腰柱与前柱东西向根据横梁强度，3米左右1排。前柱到前底脚用竹片做成拱形插入地中即可。前柱距前底脚的距离约为0.5米，前柱高1米，加上横梁与小吊柱，屋面距地面垂直高度达1.2米左右。后屋面柁上端要搭在中柱上，下端要搭在后墙上；柁上东西向搭脊檩、腰檩共4排；檩上面用玉米秸、高粱秸等做房箔，最后也要在上面盖上土，形状也要呈缓坡形。

这种温室的材料来源广泛，所用的材料价格比较低，整个温室的投入成本也就比较低，因此它的应用范围比较广。但是这种温室也存在着一定缺点，前屋面下顶柱横梁较多，遮光面积大，不利于温室透光。另外，这种温室在管理的时候，也不方便作业，而且耐用性也不高。

三、半地下式日光温室

这种温室现在的使用范围不是很广，最初在内蒙古等地广泛使用，它的原始形状是一斜一立式。半地下式日光温室比较适宜冬季严寒、一年降雨量少、地下水位低的西北地区。

半地下式日光温室，室内栽培畦在地平面下1米左右处。建造这种温室，温室中脊高约2米，后屋面长1.2～1.3米，水平投影宽为1米，后墙高约2米，墙的厚度在1米左右，墙为土筑。

半地下式日光温室的采光性和保温性能都比较好，在最冷的时候室内外温差可达32℃以上，因此才在比较寒冷的地区被应用。但是在实际应用时，应在地下水位低，地势较高而且四周排水通畅的地块，建成这种类型的温室。

第五节　日光温室的建造

日光温室主要由围护墙体、后屋面和前屋面三部分组成，这也是日光温室保温的重要部分。其中，前屋面是温室的全部采光面；白天采光时前屋面只需覆盖塑料膜，这样更有利于采光。当室外光照减弱时，及时用活动保温被覆盖塑料膜，以加强温室的保温。

一、日光温室的墙体要求

无论建造何种形式的日光温室，都离不开温室墙体。日光温室的墙是由东、西山墙及后墙三面组成，现代温室的墙体多是由砖砌成，以前一些老式的温室也有用土筑成的。温室的墙是日光温室的围护结构，更是温室防寒保温的重要屏障，它在夜间阻隔温室内的热量散失以保证室内蓄积一定的热量，维持作物生长的温度。白天，墙体不仅可以保温防寒，同时当阳光照在墙体上时，它还可吸收一部分热量储存起来，晚间向外辐射，使温室内气温可提高 1～2℃。

日光温室的墙体不仅起着承重的作用，还起着保温蓄热的作用，因此在设计温室的墙体时，除了要保证其强度以外，还要考虑建筑材料的导热性和蓄热能力。温室墙体的内部最好是用蓄热系数较大的材料如砖或者石头，墙体的外层最好是用导热率较小的异质材料，还可以在墙体的外侧堆积一些秸秆或者柴草等物质。有条件可采用空心墙或珍珠岩、炉渣、聚苯板等夹心墙，这样的墙体也叫异质复合墙体。

墙体的厚度因各地的气候条件而不同，厚度有一定的差别。在我国南方地区，墙体的厚度可以在 0.8～1 米之间；华北平原的北部、辽宁的南部，温室的墙体厚度一般在 1～1.5 米为宜。如果温室墙体采用的是夹心砖墙，总厚度可多 0.5 米。

另外，现在很多温室的墙体都在墙内侧面涂上白色的涂料,这样可以有效提高墙体的反射能力,将光照强度提高10%左右。

因此,在建造日光温室时,对东、西山墙,尤其是后墙的高矮、厚度、建筑材料、墙体为空心或实心等问题,都必须因地制宜、周密考虑,因为这些可以直接影响到日光温室的防寒保温能力,对能否形成一个良好的温度环境和是否适宜农作物的生长都有着密切的联系。

二、日光温室的后坡要求

日光温室的后坡也叫后屋面、后屋顶。后坡具有阻止室内热量散失、保温防寒的作用,对整个温室的保温系统有着重要的影响。后坡如果设计合理,则可以提高温室的透光性,增强温室的保温性能;如果设计得不合理,则会影响温室的光照。

建造温室时,后屋面与后墙交接处形成的交角角度应为"仰角",这个交角角度的大小直接影响到温室的采光能力。

仰角比较大,进入的光线也就比较多,光照就会好一些。但仰角过大,也有一定的弊端,角度过大就要相应地提高中柱高度,这样就会使温室过于高大,反而不利于温室保温。

仰角过小,后屋面过于平、矮,则会阻碍光线进入,温室后半部的遮阳面也会过大,这也不利作物的生长。同时,也大大减少了温室总进光量,间接降低了温室内部的蓄热量,不利室内温度的提高。

为了更好地保证温室的温度，在建造温室时应选好后坡材料。从保温防寒能力角度出发，选择后坡的材料厚度必须适当。后坡还必须有足够的承重能力，因为管理人员每天至少要在上面走动两次，白天要上去将草帘或蒲席、纸被等防寒覆盖物卷起来以促进温室的光照，晚上还要上去将覆盖物放下保温防寒。此外，所有的防寒覆盖物卷起后，都要码放在后屋顶前沿部分，这也是其荷载的重要组成部分。

三、日光温室的前坡要求

日光温室的前坡也叫前屋面或透明屋面，它是日光温室的透明覆盖部分，由骨架和透明覆盖材料两部分组成。前坡有单斜平面式，也有拱圆形。

为了更有利于温室的透光，从光角度出发，拱圆形屋面的透光性要好一些，而且这种形状的屋面也利于塑料薄膜覆盖时绷平绷紧，从而提高薄膜的耐用性。

前坡的骨架材料有很多种选择，可以是钢材，也可用木杆或竹竿。现代大型温室一般都是选用钢材作为前坡的骨架，因为用钢材做成的半拱圆形的支架，支撑力强，这样就可以节省立柱，减少温室内的阴影，提高温室的室温，促进作物的生长。这种温室也被称为无支柱温室。但是在选用钢材作为前坡支柱时，温室的成本投资就会增大，这就具体结合到投资者的整体经济实力了。

前坡的透明覆盖材料目前大多数都是选用塑料薄膜，尤其是半拱圆形的屋面，只能使用质量比较好的塑料薄膜。现在个别地区也有使用硬质透明塑料板做前坡的透明覆盖材料，在选用硬质透明塑料板时，最好是采用单斜平面的形式，否则难以形成拱圆形。

日光温室前坡也必须有能力抵挡住大风或大雪，承受相当的风压和雪荷载，不能变形或倒塌。前屋面与地面成的夹角，以及拱圆弧形每一部分与其切线所成的角度，都必须科学合理，只有做到充分采光，才能保证温室内的作物得到充分的光照与热量。

由此可见，前屋面是日光温室获得光和热的重要组成部分，但它也是散失热量的主要地方。这是因为前坡在白天不能覆盖，在夜间如果防寒工作做不好，则会使温室内的热量大量散失。

四、日光温室的柱角石要求

温室的中柱对温室起着重要的支撑作用，是整个温室的承重所在，中柱的牢固关系到整个温室的牢固性，因此要设法将中柱固定住。中柱的一端需要埋入地下，在建造温室时要将埋入地下的一端固定好，这就需要为它做一个底座，人们将固定中柱地下端的底座称为柱角石，也叫做基础。

中柱的柱角石是为使中柱更加稳定牢固，这就需在中柱入地处加筑一个基础物，一般是用水泥浇注的，也有一些是用砖砌成。在建筑这个基础柱角石的时候，要让中柱底部落于柱角石中央部位，以使中柱牢固。有了柱角石这一构造，对稳定中柱坚实可靠有着非常重要的作用。

五、日光温室的中柱要求

温室中除了一些钢结构的温室，都需要中柱。一般的竹木结构温室需要有多排立柱，最后面一排立柱需要埋到后墙之中，这一排立柱被称为生柱。在竹木结构的温室前坡下也需立1～2排立柱，这一排立柱被称为前柱；紧靠后墙，立于后屋面前沿下的这排立柱被称为中柱。

中柱是日光温室的重要承重部分，它的上端处于后屋面及前屋面拱架汇合处，因此中柱承受着来自这两部分的作用力，中柱可以说是温室的“脊梁”。中柱必须有足够的强度，这样才能防止温室倒塌，因此在选材以及设计上都要合理。

在选择中柱材料的时候，要考虑到作用到中柱上的所有荷载，这不仅包括中柱本身所受到的前后屋面的作用力，外界也会给中柱施加很多的荷载。

温室每天都需盖上保暖设施，管理人员每天都会到上面走几趟，这也会影响到中柱的承重能力。另外，刮风的时候，风力也会推动温室覆盖材料晃动，这些力也都需中柱来承载。因此，在选择和设计中柱的时候，一定选择承重能力强的中柱。设计的时候也一定要合情合理，如果设计不当，每天晃动就会使温室的中柱倾斜甚至倒塌，这样会给温室造成重大损失。

六、日光温室的防寒沟要求

建造温室需要特殊建造两条防寒沟，这是为了增强温室的保温能力。防寒沟一般在温室的前后各挖一条，在温室的前屋面和温室的后墙的前方各挖一条与温室等长且方向一致的窄沟，沟的深度与当地冻土层深度一致。

为了使温室更温暖一些，在这些窄沟中要填充一些可以保温的物质，一般可以在沟中填一些铡碎的稻草、玉米秸秆或高粱秸秆，也可填充干草或树叶等有保温性能的物质。这样做是为了更好地阻隔温室土壤温度的横向传导，使温室内的地温保持在一个定值。

沟中填充物除了可以阻止土壤温度的横向传热外，由于其疏松有间隙，在白天的时候还可以蓄热，对防止温室内地面温度降低有一个缓冲的作用。

七、日光温室的墙基要求

温室需要建造东、西山墙和后墙，这些墙体的结实程度关系到温室的寿命。墙体是否耐用在很大程度上取决于墙基，建造温室墙时也需要打好地基，尤其是一些地质条件不是很好的地方。

现在的温室多数都是用砖砌成，因此地基的深度和宽度要根据实际的需要而定，地基的深度和宽度最小要求是保证温室墙体的坚固，不能使用几年以后就发生墙体倾斜或倒塌。

八、日光温室的不透明覆盖物要求

温室除了前屋面的透明覆盖材料以外，在温室的上面还要有一些不透明覆盖物，这是在夜间覆盖在透明屋面上的保温防寒设备，就像人们在夜间盖上被子一样，起到保温的作用。

日光温室的前屋面，不论是白天还是夜间，都是整个温室大量散失热量的地方，因此日光温室保温效果的好坏在很大程度上都取决于前屋面，这里是保温防寒的重要部位。

现在人们为了提高温室的保温能力，所用的不透明保温材料也在不断增多。目前在温室中多使用薄席、稻草帘子，也有一些地方使用棉被或者毛毡等保温物质，这可以根据自己的经济实力和当地的具体情况来选择。

另外，为了更好地加强温室保温防寒能力，还可在上述覆盖物下方，加盖牛皮纸或者一些防水的材料，这样效果会更好一些。

九、日光温室的前坡角度要求

温室的前坡角度指温室前屋面底部与地平面的夹角，这个角度对温室的透光率影响非常大。如果想要温室在一定范围内有较大的透光率，其温室前屋面角度，也就是屋脊至透明屋面与地面交角处的连线应确保为20°～30°之间。当然，确定温室前坡角时还要考虑温室的整体结构、造型及使用面积和作业空间等问题，合理的日光温室其前屋面底角地面处的切线角度应在 60°～68°之间。

此外，温室前屋面的形状以采用自前底角向后至采光屋面 2/3 处为圆拱形坡面，后面的 1/3 部分采用抛物线形屋面为宜。这样，一个跨度在 6 米宽、高度在 3 米左右的温室就可以保证前屋面底角处切线角达到 65°以上，距前底角 1 米处切线角达 40°以上，距前底角 2 米处切线角达 25°左右。冬季温室内的大部分光线是靠距温室底角 2 米范围内进入温室中的，因此争取这一段有较大的角度对提高温室的透光率非常有利。

十、日光温室的后坡角度要求

日光温室的后坡角是指温室的后屋面与后墙顶部水平线的夹角。后屋面角度应以大于当地冬至正午时刻太阳高度角 5°～8°为宜。在北纬 32°～43°地区，后屋面仰角应为 30°～40°。纬度越低，后屋面角度要越大一些；反之则相反。

温室屋脊与后墙顶部高度差应在 80～100 厘米，这样可使寒冷季节有更多的直射光照射到后墙及后屋面上，有利于增加墙体及后屋面蓄热，增强夜间保温功能。

十一、日光温室的跨度和高度

温室跨度是指从温室的北墙内侧到南面透明屋面底角间的距离。温室跨度的大小，对于温室的采光、保温、作物的生育以及人工作业等都有很大影响。

在温室高度及后屋面长度不变的情况下，加大温室跨度，会导致温室前屋面角度和温室相对空间的减小，从而不利于采光、保温、作物生长及人工作业。

现在人们大多认为日光温室的跨度以6～7米最为适宜。若是生产喜温性植物的温室，温室的保温性能也和温室的高度有关。跨度适宜的时候，降低高度会减小温室透明屋面角度以及温室的空间，不利于采光和作物生长；增加高度会增加温室的透明屋面角度和温室的空间，有利于温室的采光和作物的生长发育。

一般情况下，温室的跨度为6米时，温室的高度可以在为2.5～3米范围之内。日光温室的高度每降低10厘米，其透明屋面角度就要降低1°左右。2.5米高的温室和3米高的温室相比，其太阳辐射能要少7%～9%。但如果温室过高，就会相应地增加温室的建造成本，而且同样也会影响到保温效果。

因此，一般认为跨度在6～7米之间的日光温室，在北纬40度北，如果是生产喜温性作物的温室，高度应在2.5～3米之间；在北纬40度南，高度最好是在3～3.2米之间。如果温室的跨度大于7米，则高度相应地也要增加。

十二、日光温室后屋面投影对温室的影响

温室的后屋面是温室的重要组成部分，后屋面常采用导

热率较低的不透明材料，这些材料一般都比较厚。正是因为后屋面的特殊材料，后屋面的传热系数要比前屋面小很多，因此后屋面越长，温室在晚间保温性能就越好。但后屋面过长也存在一定的弊端：在冬季太阳高度角较小时，后屋面的水平投影宽度就会过长，也就会出现遮光现象，从而使温室后部出现大面积阴影，影响作物的生长发育。

另外，后屋面过长也会使前屋面的采光范围减小，影响温室的透光率，从而使温室在白天升温速度减慢。在北纬38～43℃地区，温室高度在3～3.5米之间，后屋面水平投影宽度在1～1.5米为宜。

第六节 现代化日光温室

一、现代化日光温室的保温性能

现代化日光温室的透光率一般在60%～80%，室内外温差可保持在21～25℃。

太阳辐射是维持日光温室的室内温度和保持热量平衡的最重要的能量来源之一，另一方面，太阳辐射又是作物进行光合作用的唯一光源。因此，节能型现代化日光温室要充分利用好太阳光，让这种取之不尽的能源发挥更大的作用。

现代化日光温室的保温能力由保温围护结构和活动保温被两部分组成。前坡面的保温材料应使用柔性材料，以易于日出后收起，日落时放下。而新型前屋面保温材料具有保温好、价格便宜、耐老化、防水好等很多优点。

二、现代化日光温室的结构

现代化日光温室的基本框架结构由基础和骨架两部分组成。其中，基础部分是由预埋件和混凝土浇注而成，骨架部分中的中柱、横梁、横架等骨架是由矩形的钢管、槽钢制成，并且这些钢管的表面也都要经过镀锌处理，这样可以使它们有更好的防锈能力。现代化日光温室门窗、屋顶等部分是由铝合金制成的，这是因为铝合金不仅轻巧，而且密封性也比较好，还便于开启。

现代化日光温室都具有排水槽，也被一些人称为天沟。排水槽的基本作用就是排放雨水，但它也起着连接的作用。排水槽由中间向两端倾斜延伸，坡降0.5%，排水槽的面积约占整个覆盖面积的5%。

现代化日光温室的覆盖材料应具有透光性强、保温性好、耐用性好、质地轻、价格便宜等特点，因此现代化日光温室多采用塑料薄膜和一些塑料板材。

现代化日光温室有自己的通风系统，一般是采用联动式通风系统，可自动进行通风，以调控温室的室内环境。现代化日光温室有侧窗通风、顶窗通风和侧、顶窗同时通风三种通风类型。

现代化日光温室有一整套加热系统，根据实际情况不同，具体做法也不同。有很多的现代化温室采用暖气加热方法。这种方法温室内的温度上升比较快，且温度比较均匀，温度在下降的时候比较慢，就像人们家里的暖气一样。另外，也有一些温室采用热风加热，利用热风炉或者风机加热。采用这种方式加热，温度上升很快，下降也非常快。

现代化日光温室还有一套帘幕系统，这样可以在夏天及时遮阳降温，在冬天又可以增加温室的保温能力，从而提高能源利用率，节约成本。帘幕系统是由塑料线加入适量的铝箔，这种帘幕系统在启动时需要用钢丝绳牵引。

现代化温室还有供水系统，以及增施二氧化碳气肥的工具。另外，现代化温室还需配有相应的机械化作业工具。

第四章　温室花卉栽培

第一节　花卉栽培

一、花卉概述

通俗地讲，“花”是植物的繁殖器官，是指姿态优美、色彩鲜艳、气味香馥的观赏植物；“卉”是草的总称。习惯上往往把有观赏价值的灌木和可以盆栽的小乔木包括在内，统称为“花卉”。

严格地说，花卉有广义和狭义两种意义。狭义的花卉是指有观赏价值的草本植物，如凤仙、菊花、一串红、鸡冠花等；广义的花卉除有观赏价值的草本植物外，还包括草本或木本的地被植物、花灌木、开花乔木以及盆景等，如麦冬类、景天类等地被植物，梅花、桃花、月季、山茶等乔木及花灌木等。另外，分布于南方地区的高大乔木和灌木，移至北方寒冷地区，只能做温室盆栽观赏，如白兰、印度橡皮树以及棕榈植物等也被列入广义花卉之内。

二、花卉分类

花卉的种类极多，范围广泛，不但包括有花的植物，还有苔藓和蕨类植物。其栽培应用方式也多种多样。因此，花卉分类由于依据不同，有多种分类方法。依据生态习性分类，这种分类方法是依据花卉植物的生活型与生态习性进行的分类，应用最为广泛。

露地花卉，就是在自然条件下，完成全部生长过程，不需保护地栽培。露地花卉依其生活史可分为三类。

（一）一年生花卉

一年生花卉是指在一个生长季内完成生活史的植物，即从播种到开花、结实、枯死均在一个生长季内完成。一般春天播种，夏秋生长，开花结实，然后枯死。因此，一年生花卉又称春播花卉，如凤仙花、鸡冠花、百日草、半支莲、万寿菊等。

（二）两年生花卉

两年生花卉是指在两个生长季内完成生活史的花卉。当年只生长营养器官，越年后开花、结实、死亡。这类花卉，一般秋天播种，次年春季开花。因此，这类花卉常称为秋播花卉，如五彩石竹、紫罗兰、羽衣甘蓝、瓜叶菊等。

（三）多年生花卉

多年生花卉是指个体寿命超过两年的，能多次开花结实的植物。根据地下部分形态变化，又可分两类。

1. 宿根花卉

宿根花卉是指地下部分形态正常，不发生变态的花卉，如芍药、玉簪、萱草等。

2. 球根花卉

球根花卉是指地下部分变态肥大的花卉。根据其变态形状，又分为以下五大类。

（1）鳞茎类。地下茎呈鱼鳞片状。外被纸质外皮的叫有皮鳞茎，如水仙、郁金香、朱顶红；鳞片的外面没有外皮包被的叫无皮鳞茎，如百合。

（2）球茎类。地下茎呈球形或扁球形，外面有革质外皮，如唐菖蒲、香雪兰等。

（3）根茎类。地下茎肥大呈根状，上面有明显的节，新芽着生在分枝的顶端，如美人蕉、荷花、睡莲、玉簪等。

（4）块茎类。地下茎呈不规则的块状或条状，如马蹄莲、仙客来、大岩桐、晚香玉等。

（5）块根类。地下主根肥大呈块状，根系从块根的末端生出，如大丽花。

（四）水生花卉

水生花卉是指在水中或沼泽地生长的花卉，如睡莲、荷花等。

（五）岩生花卉

岩生花卉是指耐旱性强，适合在岩石园栽培的花卉。常在园林中选用，一般为宿根性或基部木质化的亚灌木类植物，还有蕨类等好阴湿的花卉。

三、温室花卉的分类

温室花卉指原产热带、亚热带及南方温暖地区的花卉。在北方寒冷地区栽培必须在温室内培养，或冬季需要在温室内保护越冬。温室花卉可分为以下几类。

(1)一、二年生花卉，如瓜叶菊、蒲包花、香豌豆等。

(2)食虫植物，如猪笼草、瓶子草等。在有些切花艺术中，常用来做艺术插花材料。

(3)凤梨科植物，如水塔花、凤梨等。

(4)兰科植物。兰科植物依其生态习性又分为两类：

1)是地生兰类，如春兰、蕙兰、建兰、寒兰、墨兰、春剑等。

2)是附生兰类，如石斛、万代兰、兜兰等。

(5)多浆植物。多浆植物指茎叶具有发达的储水组织，呈肥厚多汁变态状的植物，包括仙人掌科、景天科、大戟科、菊科、凤梨科、龙舌兰科等科植物。

(6)蕨类植物。根据观赏方式不同，又可分为下面四类。

1)庭园绿化蕨类，如翠云草、桫椤。其中，桫椤又称树蕨，是最大的蕨类植物，高可达 10 多米。它是古老类群，在我国属濒危种，为我国一级保护植物。另外，槐叶萍、满江红为水面绿化好材料。

2)盆栽观叶蕨类植物，如石松、乌蕨、蜈蚣草、铁线蕨等。其中，石松、铁线蕨等为重要切花配叶材料。

3)垂吊蕨类植物,如肾蕨、巢蕨等。

4)山石盆景蕨类植物,如卷柏、团扇蕨。其中,团扇蕨是蕨类植物中形体最小的,仅有几厘米大小。

(7)宿根花卉,如非洲菊、君子兰等。

(8)球根花卉,如仙客来、朱顶红、大岩桐、马蹄莲、花叶芋等。

(9)棕榈科植物,如蒲葵、棕竹、袖珍椰子等观叶花卉。

(10)花木类植物,如一品红、变叶木等。

(11)水生花卉,如玉莲、热带睡莲等。

四、花卉的发展前景

目前,中国花卉消费的水平仍然很低,每年用于鲜花上的人均消费仅在1美元左右,不到日本每人年均消费量的1/30,并且沪、杭和周边大中城市的花卉需求中,很大部分来自云南、广东、海南等花卉主产区。但随着中国经济的发展,人民生活水平的提高,特别是2008年北京奥运会和今年上海世博会的举办,花卉消费将进一步增长,市场前景十分看好。

总体来看,中国的花卉生产正在以每年20%的速度增长。根据最近的统计数据,中国花卉的产值和销售额已达到7.3亿欧元左右,中国花卉的发展速度是世界上其他国家都无法比拟的。我们也发现在目前中国花卉企业的组成中,一些小规模的企业比较多,而拥有先进的高水平技术、能够生产高品质产品的企业数量比较少。

在过去几年内，为了提高技术水平，中国不断与国外一些公司成立合资公司，很多生产企业也致力于提升生产技术和方法，同时大规模生产企业的数量不断增加，中国市场出现了很多高品质花卉，而且品种也越来越丰富。另外，过去我们通常认为中国的花卉消费主体是政府部门，但是我们发现在医院等不同场合以及节日期间对花卉的消费也越来越多。

据有关机构预测，中国花卉消费需求量每年将以20%的速度递增。从国家制定的长期发展规划来看，到今年年底，全国花卉产值将达到700多亿元人民币，到2020年，全国花卉产值达到1000亿元人民币。因此，发展花卉业仍然具有较大的生产潜力和市场空间。

五、我国发展花卉的独特条件

(一)劳动力资源优势

目前，世界花卉生产出现由发达国家逐步向发展中国家转移的趋势，一个重要原因是发展中国家劳动力价格相对较低。我国人口众多，劳动力资源丰富。特别是随着农业产业结构调整的深入和农业现代化步伐的加快，农村剩余劳动力也会增多。花卉业属劳动密集型产业，与发达国家相比，我国的劳动力优势比较明显。

(二)市场优势

近年来，我国花卉消费水平与发达国家相比还相当低。

以鲜切花为例，荷兰人均年消费150支，法国80支，美国30支，而我国城镇人口人均不足10支。随着经济的发展，人民生活水平的提高，我国将是一个潜力巨大的花卉消费市场。

（三）资源优势

我国是世界上野生花卉资源和园林植物资源最为丰富的国家之一，被誉为“世界园林之母”。全国约有高等植物3.5万种，是梅花、牡丹、月季、菊花、兰花、荷花、山茶、杜鹃花等多种名花的起源中心。杜鹃花全世界有800多种，我国就有600余种。在栽培的名花中，我国有梅花品种300多个，牡丹品种460多个，菊花品种3000多个。丰富的种质资源为我国花卉业发展提供了坚实的物质基础。

（四）气候优势

我国幅员辽阔，地跨热带、亚热带、温带等多个气候带，加上地形、海拔、降水、光照等的不同和变化，形成多种生态类型和气候类型，可以充分利用天然条件，做到适时适地栽培，以较小的投入获得较大的收益。如云南省昆明市，四季如春，有“天然温室”之称，这样的气候条件是许多国家无法比拟的。

（五）花文化优势

我国有关花文化的历史源远流长，从古到今，养花、赏花蔚然成风，代代相传。自古以来，有关咏花、赏花、论花的书籍数不胜数。有关专家研究，截至清代，历代咏花的诗词达3万多首。许多花卉被赋予文化内涵，如梅、兰、竹、菊被称为

“花中四君子”，松、竹、梅被誉为“岁寒三友”等。我国的花文化底蕴丰厚，对普及和提高广大人民群众的花卉鉴赏水平，扩大花卉消费是十分有益的。

六、我国花卉业存在的主要问题

（一）生产方式落后

虽然各地花卉生产专业化水平有了一定提高，但“小而全”或“大而全”的生产方式普遍存在。这种落后的生产方式，严重影响了我国花卉产品质量和经济效益，缺乏国际竞争力。

（二）低水平生产能力过剩、高水平生产能力不足

由于一些投资者只重视硬件投入，不重视品种更新和技术进步，导致一些中低档花卉产品市场竞争激烈，价格持续走低，有的甚至没有销路，而一些技术含量高、附加值高的花卉产品还需要进口。

（三）技术创新能力弱

目前花卉生产上的关键技术需要引进，种苗、种球大部分也靠进口，绝大多数企业技术开发能力和创新能力相当薄弱，缺乏技术创新的资金和优秀人才。

附录：世界名贵花卉

各国国花的花语通常为一种，也有的国花为数种。

卓锦·万代兰——新加坡国花。象征卓越锦绣、万代不

朽。卓锦原名胡姬花,东南亚对兰花的通称。它是一位侨居新加坡的西班牙园艺师艾飞丝卓锦,在自己花园里,将胡姬花育出的优异新品种。1981年,新加坡文化部宣布为国花。

金达莱——朝鲜国花。金达莱又名无穷花,实为杜鹃花科的迎红杜鹃,即中国的兴安杜鹃,其原意是长久开放的花。朝鲜人民以它象征长久的繁荣,象征喜悦和幸福。

睡莲——泰国国花。花语是迎着朝气、抛去暮气。

樱花——日本国花。3月15日是日本的樱花节。日本有樱花30多种,300多品种,世界上共有800多品种。日本所有公园里,满目都是樱花。日本人民认为樱花具有高雅、刚劲、清秀质朴和独立的精神。他们把樱花作为勤劳、勇敢、智慧的象征。日本有"樱花七日"的谚语,是说花期很短,因此日本家庭里一般不种樱花,认为对家族的兴旺、延续不吉利。

毛茉莉——菲律宾国花,也是印尼的国花、友谊之花。

茉莉花在菲律宾人民心目中是纯洁、热情的象征,是爱情之花,友谊之花。菲律宾人称茉莉花为"山巴—吉塔",意思是你答应我。来源于传说:有一情郎把一枝茉莉花赠给他追求的姑娘,并说"山巴—吉塔",从此"山巴—吉塔"便成了茉莉花的名称,成了青年男女之间表示坚贞爱情的心声。在国际交往中,把长长的茉莉花环挂在客人颈上垂到胸口,表示敬重与友好。

郁金香——荷兰、土耳其、匈牙利(称呼为天竺葵)、伊朗

(称呼为大马士革月季)的国花。郁金香象征美丽、庄严、华贵。它的土耳其语含意是,它像包着头巾的伊斯兰教女人的头一样美。因此,土耳其比荷兰更早定为国花。

矢车菊——德国国花。普鲁士皇帝威廉一世的母亲路易斯王后,在一次内战中被迫离开柏林。逃难途中,车子坏了,她和两个孩子停在路边等待之时,发现路边盛开着蓝色的矢车菊,她就用这种花编成花环,戴在九岁的威廉胸前。后来威廉一世加冕成了德意志皇帝,仍然十分喜爱矢车菊,认为它是吉祥之花。矢车菊也启示人们小心谨慎与虚心学习。

石榴花——西班牙国花(也有叫做香石竹)。花语是红得像一团团火焰。

香根鸢尾——法国国花。香根鸢尾是幸福的象征,外貌宁静、和谐、大方,体现法兰西民族的自由乐观和光明磊落的精神。香根鸢尾一名蓝蝴蝶,法国人民很爱它,又叫它金百合。

油橄榄花——希腊(也称为素馨)、突尼斯、塞浦路斯的国花。这种花象征希腊民族的骄傲,国家的繁荣。举行竞赛时,以橄榄枝做桂冠,奖励优胜者。还把橄榄枝作为和平的标志。北非突尼斯盛产橄榄,素有"世界橄榄园"之称。塞浦路斯的国旗上印有两条绿色橄榄枝图案,把油橄榄视为和平、智慧、胜利的象征。

莲花——埃及国花,也是印度和斯里兰卡的国花。埃及古传说:托特(鹭头人身,埃及智慧与魔术之神)的妻子埃赫·阿慕纳,奉献给丈夫一束莲花,以表示她对丈夫的忠贞和爱情。后来忠贞与爱情形成莲花花语,故人民对莲花特别喜爱。在印度、斯里兰卡均视莲花为美好吉祥的象征。

丁香花——坦桑尼亚国花。此花花语是荣幸、安慰。

糖槭树花——加拿大国花。加拿大素有“枫树之国”的称号。在国旗中央,绘着巨大的红艳艳的枫叶。日常生活里枫叶图案随处可见。人们以象征火红、热烈、赤诚的枫叶为骄傲。糖槭又叫糖枫,是一种高大落叶乔木。高达40米,径40～100厘米,树龄可达500年。树干中含大量淀粉,冬天成为蔗糖,天暖蔗糖变成香甜的树液。如在树上钻孔,树液便源源流出。树汁熬制成的糖叫枫糖或槭糖。

赛波花——阿根廷国花。

仙人掌、大丽菊——墨西哥国花。墨西哥主要居民是印第安族的阿斯特克人。相传最初部族神指点他们向南迁移,并说,当看到一只老鹰站在仙人掌上啄食一条蛇的地方,就证明那里富足、吉祥、可定居下来,会繁荣兴旺。他们走到墨西哥,果然看到预示的景象,便在那里定居。于是,仙人掌成为他们坚强不屈,为捍卫自己民族利益而英勇斗争的标志。大丽菊是墨西哥的第二国花。墨西哥是大丽菊原产地,大丽菊到处可见,它的花大方、富丽、绚丽多姿,可与世界名花抗衡。

雏菊——意大利国花。外观古朴，花朵娇小玲珑，意大利人民认为这是君子风度和天真烂漫。

玫瑰花——美国、英国、西班牙、卢森堡、保加利亚的国花。美国国花经百年争论，于 1986 年 9 月 23 日国会众议院通过玫瑰为国花。他们认为玫瑰是爱情、和平、友谊、勇气和献身精神的化身。美国人还认为红色月季花象征爱、爱情和勇气，淡粉色传递赞同或赞美的信息，粉色代表优雅和高贵的风度，深粉色表示感谢，白色象征纯洁，黄色象征喜庆和快乐。

保加利亚是誉满天下的“玫瑰之国”，每年六月初的第一个星期日为传统民族节日玫瑰节，人们到玫瑰谷举行盛大的庆祝活动。他们认为绚丽、芬芳、雅洁的玫瑰花象征着保加利亚人民的勤劳、智慧和酷爱大自然的精神。玫瑰遍身芒刺是保加利亚人民在奥斯曼帝国、德国法西斯面前英勇不屈与坚韧不拔的化身。

雪松——黎巴嫩国花。黎巴嫩国旗上印着雪松的图案。久经殖民统治压迫的人民，视雪松为偶像，雪松成为勇敢、坚毅、不畏强暴的象征。

白蔷薇——罗马尼亚国花。该花作为自己民族热情、纯洁、真挚、高贵、朴素和丰收的象征。每年收获节，姑娘们戴着白蔷薇花环，歌舞欢庆 。

第二节　优良温室花卉品种简介

(一)大花细辛

马兜铃科细辛属多年生草本，株型小巧，根状茎黄色，有多数肉质根。顶端常生 2 叶，叶大，质地厚，卵状椭圆形，先端锐尖，基部心形，叶面有白色花斑，叶柄肉质，疏被短绒毛。花大，单生茎顶，直径可达 6 厘米，紫褐色。

习性：分布于我国长江流域以南地区，喜温暖湿润和荫蔽的环境，忌讳强光直射，要求富含腐殖质、排水良好的土壤。

(二)龙舌兰

龙舌兰是龙舌兰科龙舌兰属多年生常绿植物，植株高大，叶色灰绿或蓝灰，长可达 1.7 米，宽 20 厘米，基部排列成莲座状。

叶缘刺最初为棕色，后呈灰白色，末梢的刺长可达 3 厘米。花梗由莲座中心抽出，花黄绿色。

习性：原产美洲的沙漠地带。喜温暖、光线充足的环境，生长温度为 15～25℃；耐旱性极强，要求疏松透水的土壤。

(三)桃叶珊瑚

桃叶珊瑚是山茱萸科常绿灌木，小枝绿色，被柔毛，老枝具白色皮孔。

叶对生，薄革质，长椭圆形至倒卵状披针形，长 10～20 厘米，叶端具尾尖，叶基切性，全缘或中上部有疏齿，叶被硬毛，叶柄长约3厘米，花紫色，排成总状花序，核果浆果状，熟时深红色。

习性：分布于我国长江中上游地区，喜温暖湿润环境，耐阴性强，不耐寒，要求肥沃湿润、排水良好的土壤。

（四）一叶兰

一叶兰又名蜘蛛抱蛋，是百合科多年生常绿草本。

根状茎粗壮横生，叶单生，有长柄，坚硬挺直，长5～35厘米。叶片长椭圆状披针形或阔披针形，长22～46厘米，宽约10厘米，顶部渐尖，基部锲形，边缘波状，深绿色有光泽。

习性：原产我国南方各省，常生于林下或溪流边。喜阴湿温暖的环境，忌讳干燥和阳光直射，要求疏松而排水良好的土壤。

（五）紫绒三七

紫绒三七是菊科土三七草属，又名紫鹅绒，多年生草本或灌木。

开始直立生长，以后卧附蔓生。株高50～100厘米，多分枝，茎多汁，茎叶覆盖紫色绒毛。

叶对生，有深绿色和紫色两种颜色，叶长15厘米，叶缘具齿状浅裂，长卵形。圆锥花序，花萼管状，花橘黄色。

习性：原产印度尼西亚等亚洲的热带地区。喜光照充足、高温高湿的环境，但忌讳强光直射。要求营养丰富的土壤。

（六）蓬莱松

蓬莱松又名松叶武竹，是百合科多年生宿根草本。

肉质根纺锤形，茎直立丛生，盆栽株高为30～80厘米。叶如五针松，簇生成绣球形，生于小枝上；枝短，新生叶状枝鲜绿色，老熟则带粉绿色，花白色。

习性：原产非洲南部。喜温暖、阳光充足的环境，忌强光直射，不耐寒，要求腐殖质含量丰富、排水良好的沙壤土。

（七）彩叶草

彩叶草又名锦紫苏，唇形科多年生草本，常作一二年生栽培，株高50～80厘米，全株有毛，茎四棱基部木质化。

叶对生，卵圆形，先端尖，叶缘有齿，叶色有黄、红、自、褐等多种色彩，常呈不规则或镶边排列。总状花序顶生，花冠二唇，上唇白色，下唇蓝色，二强雄蕊。

习性：原产印度尼西亚，喜温暖、湿润和向阳以及通风良好的环境，生长温度为15～30℃，适温为20～25℃，要求土质疏松、肥沃以及排水良好的土壤。

种类及品种：根据繁殖方法，可以将彩叶草分为两种类型。

1. 种子繁殖类型

播种繁殖可以保持品种的优良性状。该类型有以下五种叶型品种：①大叶型，具大型卵圆形叶，植株高大，分枝少，叶面凹凸不平；②彩叶型，叶小，长椭圆形，先端尖，叶面平滑，叶色有红、橙红、黄绿、白地绿斑等；③皱边型，叶缘裂并且有波皱，裂纹与波纹的变化很大，叶色也有很多种；④柳叶型，叶细长，柳叶状，叶缘具不规则的缺裂和锯齿；⑤黄绿叶型，叶小，黄绿色，抗日灼，植株矮且多分枝。

2. 营养繁殖类型

一些不捻性、低捻性或尚不能用播种繁殖方法保持品种性状者。常见的园艺变种为五色彩叶草，叶片上有淡黄、桃红、朱红、暗红等色斑纹。

(八)瑞香

瑞香为瑞香科多年生常绿灌木。盆栽株高一般不超过1米。枝细长，光滑无毛，叶互生，长椭圆形至倒披针形，长5～8厘米，先端盾或短尖，基部狭锲形，全缘，后质，表面深绿色有光泽；叶柄短。花被白色或染淡红紫色，具芳香，成顶生具总梗的头状花序；核果肉质，圆球形，红色。花期为春节前后。

习性：原产我国长江流域。喜阴，忌日光暴晒；耐寒性差，要求排水良好的酸性土壤。

常见的变种有：白花瑞香，花纯白色；金边瑞香，叶缘金黄色，花极芳香；水香，花被裂片的内侧为白色，外侧略带粉红色；毛瑞香，高为0.5～1米，枝深紫色，花被外侧被灰黄色绢状毛。

(九)水晶花烛

水晶花烛为天南星科多年生常绿植物。植株较矮。叶多数，密生于茎上。

叶片较大，心形或阔卵形，长40～50厘米，宽30厘米，幼叶紫色，后变为具丝绒光泽的碧绿色，叶脉较粗，呈清晰的银白，叶背淡玫红色。

佛焰苞细而窄，略呈褐色，肉穗花序圆柱形，呈绿色。

习性：喜温暖潮湿及半阴的环境，忌阳光直射和暴晒，不耐寒，要求肥沃、排水透气性良好的土壤。

（十）美丽山柰

美丽山柰又名紫花山柰，为姜科山柰属多年生草本。

根茎块状，须根细长。叶基生，2～4片一丛，叶片长圆形，长13～15厘米，宽5～8厘米，先端急尖，基部圆形，叶表绿色，中脉两侧为淡褐色。头状花序具短梗，苞片绿色，长圆状披针形，长约5厘米，花瓣4片，淡紫色。

习性：原产泰国，喜温暖湿润的环境，生长温度为22～30℃，湿度为75%～80%，要求疏松肥沃、排水良好的土壤。

（十一）雏菊

叶片较大且平展，叶色浅绿，叶脉为灰白色。与其他品种相比，叶脉不明显。叶片边缘靠近叶基部为白色斑纹，其他靠近叶缘部位偶尔出现白斑。

（十二）银边沿阶草

百合科沿阶草属多年生常绿草本。地下具细长的匍匐走茎，先端或中部膨大，成纺锤状块根。叶呈禾草状丛生，长30～60厘米，宽1～1.5厘米，带形，直立生长。叶片绿色，叶缘有纵长条白边。总状花序，长约10厘米，浆果紫色。

习性：原产东亚，我国亦有分布。喜温暖、半阴、通风良好的环境，要求疏松肥沃、排水透气良好的土壤。

（十三）冷水花属

冷水花属是荨麻科多年生草本花卉。茎直立或匍匐，绿色，节上生根，多分枝，叶椭圆形，叶绿色，叶脉间有银白色斑块，叶脉凹陷，叶片略带皱褶，叶背淡绿色，聚伞花序腋生。

习性：原产东南亚。性喜温暖、湿润及半阴环境，忌阳光直射和干旱，生长适温为15～25℃，冬季温度不低于5℃。对土壤要求不严，单在疏松的土壤上生长最好。

(十四)假叶树

假叶树为百合科常绿草状小灌木，丛生。株高一般为20～40厘米，具横生、肉质的根，茎绿色，具线条状棱线，有分枝。叶变为干膜质的小鳞片，长0.2～0.4厘米，在鳞片腋间长出卵形、革质的绿色“叶状枝”，长约1.5厘米，具基出弧形脉，顶端锐尖为刺状。

从形态和功能上都代替叶片，花白色，小型，生于叶状枝中脉的中下部，内外两轮各3枚花被片，基部具三角形苞片，小浆果球形，直径约1厘米，熟时红色。

习性：原产西欧和地中海沿岸地区。喜温暖湿润和光线充足的环境，不耐寒，耐干旱，忌强光照射，要求微酸性的沙壤土。繁殖以分株法进行繁殖。

(十五)白鹤芋

白鹤芋又名白掌，天南星科多年生草本。株高25～35厘米，叶基生，叶片长椭圆形或披针形，有一长尖，深绿色，有光泽。佛焰苞阔卵形，白色，高出叶面，大而显著；肉穗花序乳黄色，细长。

习性：原产哥伦比亚等地。喜凉爽湿润及荫蔽的环境，忌讳干旱、高温和阳光直射及寒冷。对土壤要求不严，但以腐殖质含量丰富的沙质壤土为宜。

（十六）银脉单药花

爵床科单药花属多年生草本或灌木。叶子长15～20厘米，宽约10厘米；叶端尖，叶片深绿色有光泽，叶面具有明显的白色条纹状叶脉，叶缘波状。

花顶生或腋生，花簇金字塔形，金黄色。苞片很大，似瓦片状层层重叠。花双唇形，萼片5，淡黄色。

习性：原产美洲的热带和亚热带地区。喜潮湿的、光线充足的半阴环境，生长适温为18～25℃，要求疏松肥沃的土壤。

（十七）八角金盘

五加科八角金盘属常绿灌木。株高可达2米，节间短，一般是由根茎部分干，而地上部位不再分枝。

叶片掌状裂，通常7～9裂，裂片为长椭圆形，新叶呈棕色毛毡状，而后逐渐变为平滑的革质，极富光泽，中心的叶脉清晰。叶柄长而硬，叶片深绿色，直径20～40厘米。伞形花序，花小，淡绿色至奶油色，浆果黑色。

习性：原产日本和我国台湾。性喜温暖潮湿环境，极耐阴，忌强光照射。不耐干旱，要求肥沃、排水良好的沙质土壤。

品种：花叶八角金盘，叶表除绿色外，还有黄色斑块。叶片边缘有黄绿色斑块，而边角为奶黄色。白边八角金盘，叶片边缘为白色。网纹八角金盘,叶面具黄色网状斑纹。

(十八)袖珍椰子

袖珍椰子是棕榈科小型常绿灌木,株形矮小,一般不超过1米,茎干独生不分枝,直立,其上有不规则的环纹。

叶片羽状全裂,每一裂为披针形,叶深绿色,革质,有光泽。肉穗花序,花黄色呈小球状,雌雄异株,果实橙红色。

习性:原产墨西哥、危地马拉。性喜高温潮湿及半阴环境,忌干旱,畏寒冷,生长适温为20～30℃,要求疏松透气、排水良好的沙质土壤。

(十九)鱼尾葵

棕榈科鱼尾葵属多年生常绿乔木,株高50～200厘米,茎干直立不分枝,叶大型,羽状二回羽状全裂,酷似鱼尾,叶厚而硬,叶缘有不规则的锯齿,肉穗花序下垂,小花黄色。

习性:原产热带、亚热带及大洋洲。喜温暖湿润及光照充足的环境,也耐半荫,忌讳强光直射和暴晒,不耐寒。要求排水良好、疏松肥沃的土壤。

第三节　温室的准备

一、温室的种类

一般冬季温度可保持在15℃以上,供栽培原产热带的花卉和促成栽培花卉催花的温室叫做高温温室。

一般冬季温度保持在 8～15℃，供栽培原产热带与亚热带接壤地区的花卉，如鱼尾葵、散尾葵以及热带高山荒漠的仙人掌类等之用的温室叫做中温温室。

一般冬季温度保持在 5～8℃，供栽培原产亚热带的花卉，如扶桑、白兰花、茉莉花等之用的温室叫低温温室。

一般冬季温度保持在 0～5℃，供原产暖温带的花卉，如桂花、柑橘类等越冬防寒之用的温室叫冷室。

二、温室内部的设备

（一）植物台

植物台是放置盆花的台架，多用于盆花的栽培；栽培床是温室内栽植花卉的设施，如香石竹、非洲菊、小苍兰等切花的栽培。

植物台的形式有平台和级台两种。平台常设于单屋面温室南侧，双屋面温室的两侧；在较大的温室中，也可设于温室的中部。平台高度一般为 80 厘米，宽度为 80～100 厘米。若设于中部两边有通路时，其宽度为 150～200 厘米。而级台常设置在单屋面温室的北侧，在双屋面温室的正中。级台可充分利用温室空间，通风良好，光照均匀，但管理不便，适合观赏温室及标本保存，不适于大规模生产应用。

植物台可分为木制、铁架木板及混凝土三种。前两种的台面为木板构成，若只放置盆花，可用宽 6～15 厘米，厚 3 厘米的木板铺成，两板间应留 2～3厘米的空隙以利排水，其床面高度低于短墙约20厘米。

（二）繁殖床

在单屋面温室及不等式温室中，繁殖床多用于扦插，所以应设于北墙，光线不宜过强。一般床宽约100厘米，深40～50厘米，上设玻璃窗，下部至加温管道全封闭，以免温度降低，床底用水泥砖铺成，下部距离加温管道40～50厘米，一般多采用电热线加热。

（三）种植床

种植床是指在温室内就地栽培或高山地面栽培的设施，前者称为地床，后者称为高床，其侧面由砖块或混凝土构成，其中添入土壤。

（四）水池及水箱

温室花卉灌溉用水的温度应与室温相近，因此灌溉用水须事先储于室内池中，以提高温度。通常在前一日灌入水池，第二日利用。水池一般设于植物台下或温室的北侧。水池的形状以方形和长方形居多，水池多用砖块、水泥砌成。视需水量而定深浅，一般深约100厘米。如果利用自来水灌溉，水箱储水一日，可将水箱安在高处，也用橡皮管引水灌溉。水池除供水之外，也可起到增加空气湿度的作用，如在温室内栽培蕨类、热带兰、秋海棠等要求空气湿度较高的花卉种类，可扩大地面水池的面积，提高空气湿度。

（五）温室加温

温室加温最简单的方法是以烟道通过地面或以烟管通

过室内上空，加热室内空气；其次是用热水管道；少数用蒸汽管道加温。

第四节　温室花卉的一般管理

冬季温室依靠暖气等加温设备增加温度，根据植物种类分别放在不同温度的温室内。如果温度太高，则白天可以打开天窗通风降温。温室的光照主要依靠自然光线，必要时加人工灯照明。温室的湿度一般要求较高，若湿度不够，可地面喷水增加湿度。

一、基质准备

温室植物一般栽植在花盆等容器中，所以可以供给营养物质的基质有限。因此，要求土壤具有丰富的营养元素，同时具有充足的腐殖质和理想的理化性状，以满足植物正常生长发育的需要。温室基质必须是人工配制的培养土，配制培养土所用的主要原料有腐叶土、厩肥土、园土、河沙、旧盆土等。先将各种成分晒干、弄碎、过筛，然后按照一定的比例混合均匀即可。要注意的是，不同的花卉所需的培养土种类不同，各种成分所占的比例也不相同。

培养土配好后必须进行消毒灭菌，然后才能使用。一般的方法有锅炒消毒、暴晒消毒和药剂消毒几种方式。锅炒消毒，即将培养土放在大铁锅中，边炒边拌，炒拌1～2小时；暴晒消毒，将培养土摊在水泥地面上暴晒，要求暴晒15天以上；药剂消毒，当前多数用1%～2%的甲醛溶液喷洒，用量为每立方米培养土0.5千克左右，喷后用薄膜覆盖3～5天，打开薄膜后10～15天，让甲醛挥发后再用。

二、盆栽

在上盆前，若用新花盆，应用水浸泡；若用旧花盆，应用水清洗干净。根据植株大小及培养目标选择大小适宜的花盆。上盆时，先用一块瓦片垫在盆底排水孔上，然后在盆底放些较粗的培养土和少许厩肥等有机肥，然后填入培养土盖住肥料，将花苗放入盆中央，四周填土，稍稍敦实盆土，盆口留出2～3厘米左右浇水口，再用喷壶喷透水。有时，根据植物生长需要，需从小盆换到大盆中，换盆的方法与上盆大同小异，只是换盆时去掉部分泥土，有时也可原土栽植。

三、浇水

北方有的地面水pH值较高，城市自来水含有氯气和氯化钙，都不利于盆花的栽培。有条件的地方，最好用深井地下水。若必须用自来水浇灌，则需先将水放在储水池中，待几个月后氯气挥发后再用。所用的水必须先放在水缸和水池中储存，使水接近气温，避免水温与气温或盆土温度相差悬殊，对花卉造成伤害。一般将浇水的时间选在早晨和傍晚，如果受到人力等条件限制，也可在上午和下午浇水。盛夏应尽量避免午前午后浇水。浇水量应根据不同的季节、天气、植物种类及盆土的水分状况灵活掌握,应掌握间干间湿的原则,即不干不浇,浇则浇透。春季,北方干旱少雨,蒸发量大,应适当勤浇,一般需每天或隔天浇水一次。夏季,降雨多,故不必天天浇,但有时连续几天干热无雨,则应及时浇水,有时甚至一天浇水两次,同时应对盆花周围场地及叶面进行喷水降温。浇水的方式很多,主要有浇水、喷水、找水、勒水、扣水等。

四、施肥

盆栽与露地栽植的植物不同,盆土体积有限,所以施肥稍有不慎,就会造成伤害,因此要特别慎重。

(一)盆花施肥

应根据种类、观赏目的、不同的生长发育时期,灵活掌握施肥量,多种肥料配合施用,保证养分的多样与充足,防止花卉肥料过剩或发生缺素症;施用的有机肥应确保充分腐熟,以免放热和有害气体伤苗;肥料浓度不能太大,以少量多次为原则,基肥与培养土的比例不要超过1∶4;有机液肥浓度控制在5%以下;化肥浓度在0.5%以下;过磷酸钙浓度可达1%;所用肥料的酸碱度要适合花卉的要求。

(二)施肥方法

1. 追肥

盆花追肥应避免用固体肥料,以免伤苗还有发出难闻气味，应用液体肥料浇灌，如麻渣水、豆饼水等。一般是事先沤制15～20天，然后取上部澄清液对水8～10倍浇灌。

2. 基肥

应在上盆时施用基肥，将基肥放在盆的底部，然后用培养土覆盖。

3. 根外追肥

一般在生长季节使用，如尿素及部分微量元素肥料等，配成水溶液用喷壶均匀地喷洒在叶面，注意浓度不能过大，一般浓度为0.1%～0.5%，每10～15天喷施一次。

第五节 温室花卉病害

温室花卉栽培容易形成高湿的环境条件，不但污染严重，而且防治效果不好，这是温室花卉生产中亟待解决的突出问题之一。温室花卉的病害可分为两类，即地上部发生的空气传染的病害和地下部发生的土壤传染的病害。

一、温室花卉病害防治

(一)加强花卉植物检疫

加强花卉植物检疫是防治病虫害的基本措施之一，也是实施“综合治理”措施的有力保证。随着经济全球化进程的加剧，花卉种苗及其产品的调运将更加频繁，许多危险性病虫害一旦处理不当，往往会造成较大的损失。如美洲斑潜蝇飞行能力有限，自然扩散能力弱，主要靠卵和幼虫寄主植物传播或随盆栽植物的土壤、交通工具等远距离传播。因此，要进行严格检疫，一旦发现立即就要把它封锁和扑灭。

(二)选育无病虫害种苗

选择时应该注意，抗病虫品种不同的花卉品种对于同一种病虫害的受害程度并不一致。无病虫圃地育苗选取土壤疏松、排水良好、通风透光、无病虫危害的场所为育苗圃地。盆播育苗时应注意盆钵、基质的消毒，地播可通过适时播种、合理轮作、整地施肥以及中耕除草等方式加强养护管理，使苗齐、苗全、苗壮，无病虫危害，无病株采种花卉。植物的许多病害是通过种苗传播的，只有从健康母株上采种，才能得到无病种苗，避免或减轻该类病害的发生。组培脱毒育苗花卉植物中，病毒病发生普遍而且严重，病毒存在于很多种苗的枝干、叶片上，利用“组培技术”进行脱毒处理，对于防治病毒病十分有效。播种前严格对种子、种苗、种球进行检疫，而且必须要及时采取药物消毒处理与温水浸泡相结合，以防种源带菌。搞好保护地的环境卫生工作，彻底清除残枝败叶和杂草，减少病虫栖息源。加强养护管理，花木种植或摆放时密度不宜过大，并及时通风、炼苗，控制幼苗徒长，提高种苗的抗逆性，发现病株要及时拔除。

(三)栽培管理

加强温室等保护地栽培管理，降低病虫害发生，主要包括苗木或植物材料的挑选、剔除和修剪带有病虫的枝叶，介质及操作工具的消毒，水源的清洁，花木摆放密度，环境及地面的清理等。通过各种栽培措施，能使有害生物种类减少50%～71.4%。高畦栽培，可以采用喷灌进行灌溉，过道覆盖农作物秸秆，可降低温室相对湿度，提高通风透光性能，减少发病的概率。

及时清除病虫害残体，及时摘除病枝，清除因病虫或其他原因致死的植株。园艺操作过程中应避免人为传染，如在切花、摘心、除草时要防止工具和人手对病菌的传带。除草要及时，许多杂草是病虫害的野生寄主，增加了病虫害的侵染来源，同时杂草丛生还提高了周围环境的湿度，非常适应病菌的生长，利于病害的发生。

连作往往会加重温室花卉病害的发生。如香石竹多年连作时，会加重镰刀菌枯萎病的发生，实行轮作可以减轻病害。轮作是古老而有效的防病措施，轮作植物须为非寄主植物。通过轮作，使土壤中的病原物因找不到食物饥饿而死，从而降低病原物的数量。

合理的肥水管理不仅能使花卉植物健壮地生长，而且能增强花卉植物抵御病虫的能力。使用无机肥时要注意氮、磷、钾等营养成分的配合，防止施肥过量或出现缺素症。根据不同种类的花卉品种和习性，科学配合施肥，调节花卉的生长势，增强抗病虫的能力，促进花卉的健壮生长。

栽培营养土要在种植前暴晒处理，即利用太阳能消毒土壤，若技术应用得当，能大幅度降低病原菌基数。或用五氯硝基苯等药剂处理土壤,以防土壤携带病菌和虫卵。同时,施用腐熟的有机肥,既有利于提高根际周围微生物的拮抗作用,又有利于减轻枯萎病、猝倒病的发生。

改善环境条件主要是指调节温室的光照、温度及湿度。花卉生长期间,要经常清扫温室棚膜上的灰尘,保持棚膜清洁,同时要早揭晚盖草苫,延长光照时间,以减轻病害。环境清洁能减少病原基数和病害传染,是温室花卉栽培中经济有效的防病措施。室内不堆放无关的杂物,育苗区与生产区要隔离,不宜在生产区的行间、中间过道上育苗,不要用污水灌溉,不用粪肥作追肥,整个栽培过程都应非常注重清洁工作。

强制排湿,促进空气流通。采用滴灌技术,能改善温室花卉基部的环境条件;而传统的栽培方式,在阴雨天气条件下,温室花卉基部湿度太大,即使通风也难以排湿,容易发生病害。滴灌栽培增加温室花卉基部的空气流通,可使地面保持相对的低湿状况,截断土壤蒸发。尽可能扩大行距,缩小株距,合理稀植,形成空气通道,以便空气流通和降湿,并为强制降湿创造条件。在持续阴雨天条件下,室内高湿的环境难以改变,应用硫黄蒸发器,可以有效地防止病害发生和蔓延。硫黄蒸发器不对温室花卉产生污染,而且省工省力。加强植株调整,及时去除下部老叶,改善通风透光条件,避免超量施肥,保持温室花卉生育健壮。

连栋塑料温室等高档设施,可以利用风扇定时排湿,尽量减少作物体结露。低温季节排湿视温度情况灵活掌握,可以利用轴流风扇促使空气流通。

温室花卉栽培应充分利用温室条件，改善栽培环境，抑制病害，把温室花卉栽培病害多发的弊端，变成没有或少发病害的优点。一般情况下，促进温室花卉生长的设施环境，也是病害发生和蔓延的有利条件，以上所述环境调控技术能有效地协调这一矛盾，生产上切实可行，效果显著。

温室花卉的病害防治必须立足于综合防治，致力于利用环境调控技术抑制病害，避免技术上的盲目性和生产上的风险性。在物理防治、环境调控技术等效果不理想的情况下，可根据病害的发生情况和发病规律对症下药，但切忌滥用农药。

二、温室花卉气害防治

温室中的花卉，隆冬季节经常在密闭的条件下生长。由于温室内温度较高，湿度较大，通风不良，处在生长期的花卉很容易遭受有害气体的危害，导致植株生长发育不良，严重的经过一段时间之后会枯萎死亡，所以要特别注意温室内有害气体的发生及预防。

（一）气害常见类型

1. 氨气中毒

温室内施入未经腐熟的畜粪、饼肥或过多的尿素、碳铵等肥料，在发酵分解中会产生大量的氨气。当氨的浓度大于 5×10^{-6} 时，氨气会从叶片气孔侵入细胞，破坏叶绿素，使受害叶端产生水渍状斑，叶缘变黄变褐，继而叶片干枯。氨害多发生在植株外侧的叶片上，新叶受害尤为严重。

2. 亚硝酸气体中毒

温室内施用过多硝酸铵阻碍了土壤硝化作用，使亚硝酸气大量积累，当浓度达到 2×10^{-6} 时，即出现中毒症状。常发生在植株中部叶片上，受害叶片出现不规则的绿白色斑点，浓度过高时整株死亡。

3. 二氧化硫中毒

加温时产生的二氧化硫气体，一般从叶子背面气孔侵入，破坏叶绿体，使叶片出现组织脱水，受害部分形成白斑，干枯，严重时整株叶子变绿色网状，叶脉也很快干枯。

4. 一氧化碳中毒

温室采用煤火加热时，因燃烧不彻底或通风不畅而产生大量有害的一氧化碳，当浓度达到 $2\sim3\times10^{-6}$ 时，对一些草本花卉产生危害。受害叶片开始时叶表面、叶脉组织变成渍状，继而变白变黄，最后变成不规则的坏死病斑。

5. 亚硫酸中毒

温室内大量施用硫酸铵、硫酸钾及未腐熟的饼肥，分解产生二氧化硫气体。该气体遇上水珠会形成亚硫酸，直接破坏叶片的叶绿素。中毒叶片气孔附近的细胞坏死后，呈圆形或菱形白色“烟斑”，逐渐枯萎脱落。

6. 薄膜毒气中毒

以磷苯二甲酸二异丁酯或正丁酯作为增塑剂的塑料薄

膜，高温下易挥发出乙烯、丙烷、三氯丙烷等有毒有害气体。当积累到一定浓度时，会使一些花卉中毒，使叶片失绿黄化、变白，干枯、皱缩。

（二）常见气害的综合防治

1. 合理施肥

温室花卉施肥要以优质土杂肥为主，适当增施磷、钾肥，尽量少施氮肥。氮肥的施入以底肥为主，追施为辅。不施饼肥和人粪尿，尤其不要施含氮和硫化物的化肥。需要施肥时，应严格按照“少量多次”的追肥原则进行。用于育苗的温室，只要苗子生长正常，可不追肥。苗子长势弱的，冬季应选择晴天上午 11 时进行叶面喷肥，春季应在通风后喷肥。

2. 通风换气

在不影响温度的情况下，尽可能增加通风换气的时间，以利于有毒有害气体的排放，使温室内的气体成分接近室外的气体成分。冬天一般上午 8～9 时开门通气。春季通风时间逐渐延长，尤其是中午不要忘记开门通风。阴天尽量在中午进行通风，即使雨雪天，也要在中午进行短时间的通风换气，以尽量减少室内有毒气体和降低空气湿度。温室采取煤火加温时，应特别注意让燃料充分燃烧，并在火炉上安装烟囱，将有害气体导出室外，同时注意通风换气，防止一氧化碳、二氧化碳造成危害。

3. 选用无毒塑料薄膜

尽量不使用加入增塑剂或稳定剂的有毒塑料薄膜，可选用乙烯合成树脂塑料薄膜，以减少毒源，防止危害。

三、温室白粉虱的防治

近年，随着温室和温室花卉的迅速发展，温室白粉虱的发生与危害有加重趋势，它寄主范围广泛，冬春密闭的温室环境下，常会严重发生。幼虫群栖于叶背，刺吸叶片汁液，使叶片生长受阻变黄，影响植株的正常生长发育。由于成虫和幼虫能分泌大量蜜露，能引起煤污病的发生，影响叶片的光合作用和呼吸作用，造成叶片萎蔫，植株枯死。

(一)形态特征

白粉虱成虫淡黄色至白色，体长1～1.4毫米，体表有蜡质覆盖物，翅白色。幼虫椭圆形，扁平，淡黄色或淡绿色，体表有长短不齐的蜡质丝状突起。卵椭圆形，长0.2～0.25毫米，有长柄，初产时黄色，后变黑。

(二)生活习性

全年可繁殖10多代，在保护地内越冬。成虫不善飞翔，但遇惊扰即迅速起飞，对黄色有强烈趋向性。雌虫有性繁殖时，均产生雌虫，单雌生殖时下代均为雄虫。成虫喜欢危害植株上部嫩叶，成群吸取汁液，产卵。成虫活动的最适温度为25～30℃。

(三)防治方法

1. 生物防治

当白粉虱在温室内发生量达到0.5～1头/株时，可释放草蛉等白粉虱天敌，被草蛉寄生的白粉虱蛹变成黑色，将其收集起来，均匀撒在植株行间即可起到对白粉虱的抑制作用。也可在草蛉羽化后，有意识地在温室中释放，共放3次，亦可控制室内的白粉虱。

2. 物理防治

为防治白粉虱的飞入，可用尼龙纱密封室的通风口。在定植花卉之前，必须将全部枯枝、落叶清除干净，深埋或烧毁。

利用白粉虱有趋黄色的习性，可用废旧硬纸板或塑料板，剪成1米×0.2米长条，并用油漆涂成黄色，之后，外面再涂上一层10号机油与少量黄油调匀的黏油，放在与花卉高度一致的行间，每亩放置30～40块。白粉虱粘满黄板时，要及时重新涂上黏油，最好是要10天换1次，可使虫口数量降低为60％～70％。

3. 化学药剂防治

选择定植花卉前的晴天中午喷75％乐果800倍液，杀卵和幼虫，再用80％敌敌畏乳油150克，对水14千克，锯末40千克拌匀撒于地面，高温焖室10天左右，可杀死室内各虫态的白粉虱。

用22％灭蚜灵烟雾剂点燃熏蒸，7天熏一次，可以杀灭刚孵化出来的白粉虱幼虫。

25％扑虱灵可湿性粉剂1500倍液，或10％扑虱灵乳油1000倍液对白粉虱有特效。能杀灭各种形态的白粉虱，烟剂熏杀后3～4天内，再用喷洒扑虱灵，效果明显。

四、温室褐软介的防治

介壳虫是温室中常见的虫害，其中以褐软介危害最为严重。褐软介可对米兰、佛手、龟背竹、吊兰、鹅掌柴等多种草木本花卉产生危害。

（一）形态特征

成虫呈卵形或长卵形，扁平或稍隆起，长3～4毫米，宽2.8～3.4毫米，黄褐至褐色；幼虫体型较小，呈淡黄色，身体较软。

（二）生活习性

褐软介喜群集于叶面枝梢吸取汁液，并排出大量黏液，可以诱发花卉煤污病，严重影响花卉生长及观赏。该虫每年繁殖4～5代，可常年在温室中发生。

（三）防治方法

1. 物理防治

虫量少时，可人工用软擦布或火柴杆轻轻擦除剔去。

2. 化学药剂防治

可喷洒3%柴油乳剂，10天后检查，如虫壳边缘翘起，一触即落，说明虫已死掉；也可按盆口内径15厘米用药2～3克，每增加5厘米增药2克，将3%呋喃丹颗粒剂埋于盆土中即可。

第六节　日光温室花卉栽培

日光温室可利用太阳能来维持作物生长所需的温度，因其具有成本低廉、效益好的特点，深受广大花农的好评。

(一)日光温室的选择

花卉栽培用的日光温室，主要有普通日光温室和冬暖式日光温室两种类型。

1. 冬暖式日光温室

这是一种半地下式的新型日光温室，为了充分利用地热，提高室内温度，一般室内地面要低于室外地面 0.5 米左右。冬暖式日光温室北墙属于保暖墙，按照建筑材料不同可以区别对待。如果北墙为砖墙，可将其设计成空心保温墙，墙内填充秸秆或聚苯泡沫板，保温效果很好；如果北墙是土墙的话，可以将其厚度增加到 1.2～1.5 米，这样也能增强温室的保温效果。冬暖式日光温室的跨度可参照普通日光温室适当增加，但必须保持合理的屋面角度，屋面结构与普通日光温室大体相同。

2. 普通日光温室

这种温室通常坐北朝南，床址一般选在背风、前无遮且向阳、地下水位较低、方便管理的地方。温室一般由 24 砖墙、水泥拱杆或钢架杆、小竹竿及铁丝或三面砖包土墙组成。标准室长 52 米，外跨 8 米，脊高 3.35 米，前沿高 0.8 米，采光角 21°,仰角 45°。温室屋面一般选用玻璃或聚氯乙烯。棚膜选用适应性强、均匀性好、保温性强、易黏合、拉伸强度大、无滴性能好的无滴防老棚膜,可以满足温室内光照充足、保温、抗风、耐雪压,利于花卉生长的要求。但普通日光温室存在墙体厚度较薄、地温利用效率差、夜间散热快等不足。冬季大水漫灌容易使室内地温大幅度下降、空气中湿度增大,导致花卉病害蔓延迅速,不利于疾病的防治。

(二)农艺措施

日光温室环境调控主要依赖自身的调控性,对自然气候的依赖性极强,抵御自然灾害的能力较差,因此在特大灾害型天气面前,种植者应采取一些必要的应对措施。

提高日光温室整体采光、保湿性能,增加抵抗灾害天气的能力。日光温室的棚膜应选用优质长寿无滴膜,并经常擦拭,以保持较高的透光率;同时采用双膜覆盖的形式,提高保温效果。

当初冬外界气温比较高时,应注意白天及时通风、散湿、降温,并且控制夜间温度。而在严寒期,应采取必要的人工临时补温措施,要提早准备临时加温设备,尽量不用明火加温,防止花卉一氧化碳中毒。加温设备要有较长的散热烟道,提高热能利用率。有条件的种植者可在室外设加温装置,向温室内吹送热风,也可采用移动式热风炉加温。

长期阴雨天气,会导致花卉生长缓慢,甚至落花落果。这种情况,可利用聚酯镀反光幕,增加光照强度;也可安装生物效应灯，进行人工补充光照，以利于花卉的正常生长。

此外，室内还应设天幕，在温室内利用钢丝架设置一道塑料棚，这一道塑料棚是活动式的，白天拉开，晚间再合拢。

第七节　大花蕙兰花温室栽培技术

一、形态

大花蕙兰花型丰满，根系发达，新根洁白肥大，老根呈淡黄色，茎基部有膨大为近似圆形或椭圆形的假球茎。叶狭长，革质，每单株3～12片，自假球茎丛生，叶片直立或弯垂。花茎直立或倾斜，并由假球茎抽出，最长可达80厘米，每茎可生花十余朵。花期在春节前后，可维持40～80天。花色丰富，白、红、黄、紫等色，花瓣宽大，花朵饱满。

二、生态习性及要求

大花蕙兰喜温暖、潮湿、光照足、通风好、昼夜有温差的生态环境。

基质要求质地疏松，团粒结构好，胶体含量少，有机质丰富，通气性好，排水能力强，保温、保湿效果好的弱酸性土壤。

（一）温度

大花蕙兰适应的温度范围比较广泛，在10～35℃范围内均能生长，生长期温度要求比较高。一般为白天22～28℃，夜间 18～22℃。

(二)相对湿度

大花蕙兰喜好湿润,生长期最佳湿度为 70%～80%,最低湿度也宜保持 60%以上。

(三)光照

大花蕙兰喜好光照,所以每天至少应维持长时间光照达 8 小时以上,中苗期光照强度以 20000～30000 勒克斯为宜。

(四)通风

适当通风会为植株提供呼吸作用和光合作用所需的氧气和二氧化碳。

三、中苗期温室管理

(一)栽培基质

一般选用水苔、木炭、树皮、碎砖渣等材料,按不同的比例配制。一般以树皮、木炭组合为宜,使 pH 值达到 5.5～6.0。种植盆以软塑料盆为主,中苗期种植盆规格为直径 12 厘米。

(二)温度

根据温室内悬挂温度计显示的温度,适时调配设备,使温度保持在白天 22～28℃、夜间 18～22℃。如冬天温度较低,可采取白天关闭天窗、侧窗的办法,减少温室内外空气接触;也可通过采暖、增加光照等措施升高温室内温度;夜间通常以采暖来升高温度。如夏季温度较高,可开排风扇,加湿水帘,或将内遮阳、外遮阳拉开,减少光照射入来降低温度。

(三)相对湿度

可根据室内悬挂湿度计所显示的数据直接判断温室内的相对湿度。一般温室内相对湿度应保持在60%以上,春季应将空气湿度保持在70%~80%之间。如在阴天空气湿度较大,可以通过加强通风或控制浇水来调节;但天气晴朗时空气湿度较小,此时可以用微喷设备或每日喷水雾加大空气湿度,同时应注意光照等综合因素,具体做法结合实际情况决定。此外,植株的栽培基质也应保持湿润,不宜太干。

(四)光照

温室中的光照强度一般采用测光仪来测定。大花蕙兰中苗期一般需要光照保持在20000~30000勒克斯。光照过强或过烈会对叶片造成灼伤;光照过弱则会阻碍植株叶片的正常光合作用。可以通过调整内遮和外遮阳的办法来调整室内光照。例如,温室内光照较强时,应将内遮阳拉开,以降低光照强度;光照较弱时,则将内遮阳、外遮阳合拢,增加光照射入量。春末夏初时温度升高,光照也加强,此时可适当调节内遮阳、外遮阳,以调整合适的光照强度,必要时可加补遮光网,避免过强的光照损伤叶片。

(五)通风

大花蕙兰原属半气生根性的附生兰,喜欢通风良好的环境,通风不良会影响植株光合作用的进行。尤其是冬季采暖期,温室由于长期处于密闭状态更容易产生通风不良,因而更应作好通风措施。通常的方法是打开天窗或侧窗，适当通风。

四、水肥管理

（一）浇水

大花蕙兰喜水，尤其是5月份后气温升高，植株进入生长旺期需水量增加。如发现栽培基质表面变干、颜色发浅，应及时浇水，一般10天左右浇水1次。气温低时可适当减少浇水次数。浇水时可采用叶面喷雾方式，盆底渗水时即可，不可淋水过多。淋水过多会造成基质的透气性差，易发生病虫害。大花蕙兰喜微酸性水，雨水为宜，但温室大规模栽培受条件限制，因而一般用锰酸、木炭等过滤的自来水浇灌；也可以用放置2～3天的自来水，并用硫酸亚铁或其他有机酸处理至微酸后使用。

（二）施肥

大花蕙兰较喜肥，一般可施用兰花专用肥。若施用有机肥，必须保证充分腐熟，可用豆饼、鸡粪、黏土各1/3，制成球状或颗粒状肥，置于盆面，令其随水分渗透于基质中，约1个月左右1次。值得注意的是，施用固体肥时必须远离新芽，以免对芽下的嫩根造成伤害。

叶面追肥以复合无机肥为主，浓度为0.3%，每7～10天施1次。中苗换盆时在盆底施10克基肥，豆饼和骨粉以7:3的比例混合做成固体肥粒。为促进植株生长，7月之前的每月应施一次氮、磷、钾之比为20:20:20的通用复合肥作为基肥。

五、常见病虫害的防治

(一)病害

大花蕙兰的病害应采取“预防为主,防治结合”的措施。一旦发现受感植株后,应立即切除并烧毁所有明显病害植株,及时喷施杀菌剂,同时施以适当药物杀灭病害。

大花蕙兰的常见病害有炭疽病、叶枯病。炭疽病会危害大花蕙兰的叶片、假球茎等,多发于栽培基质过酸,种植过密,通风不良,水分失调等造成的根系不发达的弱株。叶枯病为真菌病害,危及叶片。

改善栽培基质的酸碱度,加大种植密度,改善通风,可对炭疽病和叶枯病起到预防作用。用65%代森锌600～800倍液,或者75%百菌灵800倍液加0.2%浓度的洗衣粉喷布也可对上述起到有效预防。

(二)虫害

大花蕙兰的常见虫害有叶面红蜘蛛、蜗牛等。叶面红蜘蛛寄生于叶片上,以口器吸食叶片汁液,对叶片的危害很大;蜗牛则会在夜间危害兰株新芽新叶。

对于大花蕙兰虫害的防治应做到及时清理温室内及周围水沟、杂草等杂物,防止害虫藏匿,并用肥皂水喷洒叶片上、下两面,形成薄膜防止或减少寄生。防治红蜘蛛虫害可用1.5%螨立克2000～3000倍液喷施叶片;防治蜗牛虫害则可在夜间用手电筒进行检查捕杀或用8%的灭蜗灵进行诱杀。

第八节　大型温室红掌栽培技术

红掌为天南星科花烛属植物，花名源于希腊语，是“花”和“尾巴”的意思，花序穗状。世界各地根据花形并结合当地习惯，常冠以其他别名，如在南美称鸡冠花，在中国称大盾花，在美国称尾巴花，其他的国家也有称红鹤花，而在荷兰则称幸运花。红掌花色艳丽丰富，花型高雅华贵，叶片葱绿肥厚，观花、观叶皆可，具有很高的观赏价值。

一、生长习性及要求

红掌为多年生常绿草本植物，常附生于树干、岩石或地表，喜欢阴暗、潮湿、温暖的生长环境。

红掌的栽培基质需要良好的透气性；理想的基质环境以pH保持在5.2～6.0为宜；生长温度范围在14～35℃。当然，生长的最佳温度在晴天的时候，白天为20～28℃，阴天时候的白天为18～20℃，夜间18℃以上；相对湿度要求晚上低于90%，晴天的白天大于50%，阴天的白天为70%～80%；最佳光照度为15000～25000勒克斯。

二、温室环境设施

在自然条件下，红掌生长在高温、高湿、较阴暗的环境中，不易受极端气候的伤害。人工种植，应根据红掌的生物学特性，结合当地的实际环境气候条件选择适宜的温室和辅助设施。

(一)温室基本设施

红掌种植的温室种类很多，但基本结构及功能相似，主要以红掌不受自然恶劣天气侵害，最大可能地创造满足其生长发育所需的最适环境条件为目的。

种植红掌的温室要有较大的空间，使室内的小气候环境更加稳定，因为温室空间越大，对温度、湿度的调节缓冲性能越好。同时温室要有足够的高度和良好的通风透气性能以保证室内不致过热，适合的温室高度为5～5.5米，一般要求最低不低于4米。在温室栽培条件下，冬季光照不足是植株生长的限制因素，所以温室内应尽可能多地采光，同时能够上部加温，防止冬季温室屋面产生冷凝水。

(二)温室辅助设施

1. 雨水收集池或水处理系统

红掌对水质要求比较严格，雨水是最佳的红掌种植用水。所以每公顷需2000立方米的雨水收集池。在雨水较少和水质不符合红掌生产的地区，可使用水处理设备。1公顷的切花温室需一台水处理机器。经过处理的水可用于灌溉和喷雾，既解决了水质问题又保持了叶片和花的洁净。

2. 加温装置

红掌是喜温植物，对热量的需求较大，可以根据当地气候情况和温室面积综合考虑加装加温设备，以保证冬季红掌的生长。

3. 雾喷装置

温室内安装雾喷装置，一般降温可达到3～5℃，同时能够增加湿度，缺点是耗水量大。喷雾系统产生的雾滴越细，使用效果越好。可以做到既能保持植株干燥又能增湿降温，缺点是对水压的要求较高，比较昂贵。

4. 降温系统

可以密闭的温室一侧安装湿帘，另一侧安装风机。利用风机向外抽风，空气通过湿帘的原理实现增湿、降温的目的。这种系统效果比较好，但运行成本很高。

5. 遮阳系统

夏天过强的光照，使植株生长迟缓，生长发育不良，温室需配备可移动的内外遮阳系统。有些温室没有外遮阳系统，可使用遮阳降温涂料或在玻璃上喷洒石灰，都能够起到很好的降温和遮阳效果。

6. 计算机和检测仪器

温室环境自动控制系统和计算机连接，同时配备相关的湿度、pH 值、温度、光照等检测仪器。

三、红掌的栽培

(一)栽培方式

现代化大温室主要采用床栽、槽栽和盆栽三种方式。

1．床栽

一般情况下，栽培床的规格取决于温室布局，过宽不利于操作，过窄又会浪费空间，根据温室的布局设计栽培床的规格。栽培床用塑料薄膜衬底，准备好的栽培床在铺膜之前要进行消毒处理。栽培床需挖5厘米深，4厘米宽的沟，安装倾斜度为0.03％的水管，床周围铺2～3厘米大小的鹅卵石。床底部应从两边向中间呈V字状倾斜，利于多余的水分流向排水管。床栽是目前使用最广泛的栽培方式。

2．槽栽

槽栽即使用聚苯乙烯栽培槽替代床栽。一般在沟内铺塑料薄膜，放入排水管，然后槽内装栽培基质。通常有“V”和“W”字形的两种栽培槽。槽栽使用基质较床栽少，保温性能好，但不足的地方就是投资比较大。

3．盆栽

使用容积6～10升的塑料盆器作为栽培容器，能够较好地避免病害的传播。基质用量少，可迅速对营养进行控制，但是缓冲能力较差，切花的寿命较床栽短，需滴灌系统，投资比较大。

（二）栽培基质

选用种植基质取决于作物的需水量、种植的方法、灌溉的方法、灌溉系统、栽培所需的时间等因素。

野生红掌一般生长在排水良好且通气的环境中，种植红掌的基质要求保水保肥力强，排水力良好，支撑能力良好，土壤中不含有毒成分。水、空气以1∶1的比例维持平衡，小块颗粒必须在2～5厘米之间。基质如果混用，会导致空隙度下降。红掌球的经济寿命一般6～8年，所以应选择结构比较稳定的材料作栽培基质，花泥是目前最常用的栽培基质。

四、红掌的栽培技术

种植前应检查温室、各种辅助设备以及计算机、灌溉系统等是否正常。在种苗栽种前一周进行温室消毒，可用敌敌畏烟雾或百菌清烟雾密闭熏室，在温室仔细喷洒广谱性杀虫剂，拔除杂草，彻底清洁温室和各种工具。

（一）花泥的制作和处理

花泥的购买应该参考栽培床的容积而定，并且静置5天以上释放有毒气体。将准备好的花泥切成3～4厘米大小的立方体放入栽培床中，加水浸泡24小时以上。采用间隔的浸泡方式，即先泡一定时间后停止浸泡，然后继续，反复多次。为了定植后便于营养液的吸收，种植前最好用营养液浸泡，排水后检查花泥的湿度和pH值。pH值呈酸性时，可加入石灰调节花泥的酸碱度，每立方米加入1.5千克，pH范围控制在 5.2～6.0 之间。

(二)定植

一般红掌可全年种植,但最好选在气候比较温和的季节栽种,避免极端冷热的季节。植株的种植距离根据种植的品种和气候条件的不同而不同,通常为每平方米 12～14 株,每公顷 12～14 万株,株行距依栽培床的情况合理设定。定植深度以种苗颈部与栽培基质的表面持平为准,不可将心叶埋在花泥下。

1. 定植后的管理

红掌定植后,前 20～30 天不要使用营养液灌溉,每天采用人工喷水或是喷雾系统喷雾保持花泥表面微湿和植株叶片湿润即可。每周用 600 倍的普力克灌根一次,连续三次。白天温度控制在 20～25℃,晚上 20℃左右;光照在 5000 勒克斯以下;相对湿度 70%～80%。

2. 定植方式与方法

红掌的定植方式一般有单株定植和双株定植两种,多采用单株定植。可根据每次定植的种苗数量来安排合理的工人数量。一般将人员分为两人一组,一组栽种一个栽培床。定植时不可将种植托盘或者是种苗箱直接放在苗床上,要尽快将苗种到栽培床上。为了防治根部病害和刺激根系生长,定植前最好用 600 倍的普力克进行蘸根,定植过程中要注意避免工具和人为的交叉感染。

(三)种植要求

红掌为喜阴植物，需要温度达到20℃以上，相对湿度达到80%才能适宜它的生长。不过由于育种和地域的不同，所以专业化生产红掌的理想环境气候并非是很严格地符合其起源地的气候。

一般要求阴天温度保持在18～20℃，湿度在70%～80%之间；晴天温度保持在20～28℃，湿度在70%左右。总之，温度应保持低于30℃，湿度要高于50%。

红掌能够忍受的最低温度和最高温分别为14℃和35℃。温度与湿度的相互作用对红掌生长发育的影响较大，如相对湿度高就要对应相对保持高温，如温度过低或湿度过低都不利于红掌的生长，如最低温度在14℃左右会造成减产。叶片温度是影响叶片生长的决定性因素，最好能将叶片温度控制在30℃以下。降低叶片温度可通过喷灌系统来实现，这样既可增加湿度又可以保持植株干燥，降低病害的侵染机会。在晴天少的时期或春天，可采用一边加温一边通风的方式来刺激蒸发，促进植物生长。

(四)适合的光照与调节

适宜红掌的光照在15000～25000勒克斯之间。温室中最理想的光照度在20000勒克斯左右，品种不同所需光照度也有所不同，但总体来说，温室中的光照度不宜长时间超过25000勒克斯。光照过强会使植株生长缓慢，发育不良，导致某些品种褪色，平均温度升高，引起花芽早衰，盲花现象明显增加。可以通过开启遮阳网或者通过涂刷遮阳涂料来控制光照强度,使光照适合红掌生长。

冬天或阴天,应尽可能地增加光照,刷掉涂料或调整遮阳网增加温室光照。一般地,当光照是唯一限制因子时,每增加1%的光照度就可增加1%的产量。同时清洗塑料薄膜或玻璃墙面,也能有效地增加光照。

(五)水质

水质的好坏在很大程度上取决于其中钠离子、氯离子和碳酸氢根的含量。如果后者的浓度太高,可用酸中和。中和最好用硝酸,不要用硫酸和磷酸,否则易造成硫和磷元素的过量。红掌对盐很敏感,溶液浓度过高会引起花朵缩小、产量降低和茎秆矮小等情况的出现,水质太差的水源可以使用水处理设备进行脱盐。定期使用洁净灌溉水淋洗栽培床,可以降低盐分在基质中的积累。

(六)水肥的管理

植物对铁、锰、锌、硼、铜、钼等微量元素的需求量虽然很小,但缺少它们同样会造成营养不良而导致缺素症。特别是在肥液或基质pH值不合适的时候,植株更容易出现缺素症。栽培红掌应使基质pH值保持在5.2～6.2之间,以5.7最为理想。植株对营养元素的选择性吸收会在很大程度上影响基质的pH值,所以,栽培要经常检测并适时调整基质或肥液的pH值。

定期检测花泥的湿度和pH。每次取样不少于20个点,在不同的苗床取样。每两周进行一次。采样时不同的苗床需要更换橡胶手套，防止相互感染，取样深度应为表层50厘米以下中间花泥，同时检测排水情况。应每月一次将所取样品进行营养液成分分析，根据情况适时调整肥料配方。

（七）营养液的灌溉

由于红掌叶表面有一层蜡质，叶片不能对肥料进行很好地吸收，所以叶面施肥难以达到理想的程度，一般多采取根部施肥，施肥效果比叶面追肥效果好。同时，根部施肥方法能保持叶片和花朵的清洁。红掌的营养供给量与基质、季节和植株的生长发育时期有关。一般要求每天每立方米喷灌3升或滴灌2升，每升肥料溶液所含的营养量应不少于1克。在最好的温室栽培条件下，供水量一般为每周21升，可以根据实际需要做出调整；或者通过排水控制灌溉量，夏天排水量为40％左右，冬天为25％～30％。

（八）二氧化碳

自然条件下，空气中的二氧化碳浓度为340×10^{-6}每升左右，在温室中补充至每升空气中含有二氧化碳800×10^{-6}，在其他因素都适合的情况下，能够提高质量和产量。

五、红掌的田间管理

红掌的田间管理主要有剪叶、除草、拉线、去除坏花等环节。

根据植株的生长情况，要定期修剪老叶。叶片过多会导致花芽很难露出或盲花，茎弯曲，损伤花芽和花朵。修剪老叶可以促进株间通风和增加光照，利于病虫害的控制。不同的品种剪叶次数和保留的叶片数量有所不同。大叶或水平叶较多的品种一般保留 1.5 片叶；其他品种保留 2～2.5 片叶。剪叶情况应视植株生长情况和密度、天气情况等综合因素多方考虑。每个栽培床各自使用一把小刀或剪刀，定期消毒，防治病害传播。

定期拔除栽培床和地面的杂草，减少病原物的寄主，避免和红掌争水争肥。切忌使用除草剂，否则红掌的生长会受到抑制。

当植株生长到一定高度的时候，需要在栽培床两边拉线。拉线的目的是防止植株向两边倒伏，同时可以宽敞道路，减少工人操作对花和叶的伤害。

在生产过程中，应及时去掉一些受损花，以便下枝花的生长。同时要密切观察植株的长势和温室设施运行情况。

六、病虫害防治

病虫害防治是红掌切花生产中非常重要的一环，应本着“预防为主，综合防治”的原则。

首先要选用和培养健壮植株。温室要定期进行清洁，对切花小刀等工具实行定期消毒，同时及时拔除杂草。其次，温室开口处应安装防虫网，一旦发现病花、残花要及时清除。同时要加强温室管理，非生产人员严禁出入，如要进入必须按要求进行消毒。生产过程中严格按操作规程，避免交叉感染。

化学农药的使用要谨慎，有些品种对农药十分敏感，特别是铜制剂容易对红掌造成伤害。新农药在使用前一定要小面积低剂量进行试验后再使用。农药的使用时间适宜在早上或傍晚，以避免药害。

（一）细菌性病害

细菌性病害是对红掌危害最严重的病害，通常会对红掌造成毁灭性的灾害，主要有细菌性疫病和枯萎病。化学防治措施对这两种病的预防非常有效，一般采用1.5%的农用链霉素进行防治。

真菌病害主要有炭疽病、根腐病等，可用50%甲基托布津800倍液加75%的百菌清800倍液防治。

虫害主要有蓟马、红蜘蛛等，可用20%的绿威乳油防治。

（二）生理病害

红掌的生理病害主要有玻璃化或蓝斑现象，是由于根压过高而导致细胞较弱而产生的生理疾病。pH低、基质湿度大时，易发生；蒸腾作用增强，则会消失。

冷害发生表现为茎、叶和花上出现同心圆环或斑点，气温低于12℃易发生。

红掌的佛焰苞边缘有发白现象，表明花泥中pH过低；佛焰苞边缘发黑，需要增加钙元素的浓度和数量。

第五章　果蔬的温室栽培

第一节　温室果蔬需要的条件

农作物的生长发育，一方面取决于作物本身的遗传特性，另一方面受外界环境条件的制约。温室农业是在不适宜露地栽培农作物的季节或地区，利用特定的太阳能温室设施创造出适于农作物生长发育的人工小气候环境，从而达到增产增收的目的。

一、温度

温度与光照是植物生长发育最重要的两个因素。大多数果菜类的生育适宜温度，白天为23～28℃，夜间为12～18℃；叶菜类的生育适宜温度，白天为15～20℃，夜间为5～8℃。即使是同一种蔬菜作物，其生育适宜温度也不完全一样。

当环境温度超过果菜生育适宜温度时，则会引起延迟生育，并常影响花蕾的发育。低温会降低蔬菜叶片的光合速率，同时也延迟生育，降低果菜品质，使畸形果增多。温度越低，且低温持续时间越长，果蔬延迟生育的程度越显著。一般采取密闭蔬菜温室，提高地温，以蓄积热量的办法来改变低温抑制生育现象。温度过高时，又会发生生育障碍，在昼夜温差大的情况下，生育受到抑制的情况越严重。

对于蔬菜作物，变温控制是目前较理想的措施，即通过人工方法改变和控制一天的温度，白天促使光合作用旺盛，日落后促使光合产物的转移，并尽量减少植物呼吸作用的消耗，以增加产量。白天日出后应维持光合作用适宜温度，经过数小时，当温度超过界限温度时，及时通风换气，防止温度过高；傍晚后，室内温度急剧下降，前半夜数小时应保持较高温度，促进光合产物的转移，后半夜降至较低温度时应抑制呼吸消耗。这样可大大提高蔬菜的产量。

二、湿度

如果不是极端干燥或过湿，作物的生育不会特别受干湿程度的影响，这是因为植物的叶片气孔能自由开闭调节蒸腾量。但持续干燥会使叶片气孔关闭，影响光合作用，从而抑制了作物生育；果菜类如在开花期遇到过湿条件，不利于花粉的充分散开和传播，花粉管伸展受阻，会产生畸形果。

如果蔬菜生产是在封闭、半封闭条件下进行的，不利于地面蒸发和作物蒸腾作用产生的水蒸气排除室外，水蒸气凝结水大都滞留在室内，会导致空气相对湿度和绝对湿度显著高于外界。随着傍晚温度下降，土壤湿度越高，室温越低；湿度超出饱和范围而形成雾，雾持续时间越长、浓度越大，越容易在薄膜上凝结成水滴，此时，好湿性病原菌便随水滴侵入气孔。

湿度是影响温室蔬菜病虫害发生的主要因素，高湿加上适宜发病的温度条件更会加速病虫害的发生。所以，果菜的产量、质量、生产周期和病虫害的发生，与温室环境的关系十分密切，应科学合理地进行控制调节。

三、二氧化碳

二氧化碳是绿色植物光合作用的主要原料之一，生态环境中二氧化碳的供给水平直接影响果菜光合速率、产量和品质。提高二氧化碳的浓度，不仅可有效提高果菜类的个体重量，而且可以缩短蔬菜生产周期。当环境中二氧化碳的浓度高于大气环境中二氧化碳浓度的2～3倍时，大部分蔬菜的产量甚至可提高1倍。

室内二氧化碳浓度的变化是遵循一定规律的，这是因为夜间由于作物的呼吸作用释放二氧化碳，使室内二氧化碳的浓度高于自然界；日出后随着光线射入室内，作物光合作用消耗部分二氧化碳，室内二氧化碳浓度急剧下降，低于自然界的二氧化碳浓度。如不采取措施，尽管光合温度条件满足要求，在这种密闭设施内也会出现二氧化碳不足而影响光合作用的情况。

第二节　温室果蔬灌水新技术

灌溉是农田管理的方式之一，在温室内应用尤为广泛，因为作物全生育期灌水次数要比常规地面灌溉多。软管滴灌是专为温室内的生产而开发的节水增产灌溉技术，属于局部灌溉，使地面局部湿润，无积水且水分蒸发较少。它利用双上孔滴灌带，直接铺设在作物畦面上灌水，能为室内作物生长提供良好的环境。值得注意的是，温室内滴灌次数不能以周期推算，实际灌水周期受外界天气的影响。如遇雨雪天和连续阴天，为控制室内的空气湿度，往往延长灌水周期，减少灌水次数。灌水次数应按实际情况确定。

一、优势

采用软管滴灌技术平均可节水70%左右，每亩一年可节水500多立方米。

随着滴灌追施的肥料，集中在作物的根部，容易被作物吸收，从而提高肥料利用率，降低成本。滴灌的土壤比较疏松，灌水均匀度高达80%～90%以上，地表面不板结，土壤团粒结构不破坏，利于作物生长。滴灌比沟灌日平均土温和气温高1～2℃，对作物生长十分有利。滴灌水量小，土壤水分蒸发少，降低了室内空气湿度，减轻、延缓了病害的危害。滴灌管理方便，省工省时，易实现自动化。抗堵塞性能强，工作可靠。双上孔滴灌带有良好的抗堵塞性能，因而对水质要求较低。水中杂质黏度不超过0.8毫克，可免用过滤设备而不会发生堵塞现象。

二、灌水方法

滴灌是通过安装在毛管上的滴头把水一滴滴均匀而又缓慢地滴入植物根区附近的土壤中，并借助于土壤毛细管力的作用，使水分在土壤中入渗和扩散，供植物根系吸收和利用，土壤水分始终处于非饱和状态，使土壤疏松透气性强，适于植物生长。采用软管滴灌进行灌水的原则是勤灌少灌，一次灌水量为每次每亩灌水7～15立方米。

灌清水时，先将施肥器上的吸管关闭，然后将水管阀门开至最大，再接通有压水源，即可进行灌水。

施肥水时，将阀门关闭，打开施肥器吸管的开关，把过滤器固定在肥料溶液桶底部，接通水源即可以进行施肥。施肥完毕，还要关闭吸管上的开关，打开阀门继续灌水，以便将管内残余肥料冲净。

三、注意事项

（一）合理布置

安装滴灌系统，保证每一段主管的控制面积基本不超过333平方米，同时要保证与各软管接触的地面平整，水流通畅。

（二）使用水源

要使用干净、清洁的水源。如果水中有大于0.860的悬浮物，则要加上网式过滤净化水质。直接用自来水和干净井水时，通常不用过滤。

（三）带孔铺设

滴灌带中的孔通常向上铺设，并覆盖地膜后使用。若不用地膜覆盖，可将滴灌带孔口朝下铺设。

（四）安装及收藏

在安装和田间操作时，谨防划伤、戳破滴灌带或主管。施肥后，应继续一段时间灌清水，以防化学物质积累堵塞孔口。为防止泥沙等杂质在管内积累而造成堵塞，逐一放开滴灌带和主管的尾部，加大流量冲洗。换茬时，应拆除管子并妥善保存在阴凉处。

第三节　果蔬的温室施肥技术

一、有机肥的作用

有机肥可以向植株提供全面而持久的养分，它不仅含有植株需要的大量元素和微量元素，还能改良土壤的物理、化学、生理形状，增强土壤保肥、保水能力。温室内施用有机肥，可以分解土壤中过多的硝态氮，并分解产生有利于光合作用的二氧化碳，弥补温室二氧化碳的不足。对新建或有机质含量低的温室，更要多施用腐熟的优质畜禽厩肥。厩肥一定要发酵腐熟，避免植株氨气中毒、烧根或携带病虫害，造成植株感病。对温室年龄长、土壤中氮肥残留较多的，可在夏秋歇茬时施入未腐熟的倒麦子秆、玉米秆、碎稻草，防止土壤次生盐渍化的发生，改良土壤中菌群和养分结构。

二、确定施肥方法

根据化学肥料的性质确定施肥方法，如深施氮、钾肥，集中或与有机肥掺在一起施用磷肥，叶面喷施中、微肥等。

因蔬菜种类而施用不同的肥料。叶菜类在结球期要保证氮、钾供应，保持充足养分供应，在旺盛生长期前须及时追肥；根菜类在食用根茎膨大前期，应注意追磷钾肥和硼砂。

另外，温室复种指数高，重茬严重，土壤营养元素损失极不平衡，且病虫害严重，可与大田豆科和禾本科作物适当轮作。同时在夏伏时，温室蔬菜淡季，可揭开棚膜，停止生产，接受太阳暴晒和雨水淋洗，减少病虫害的发生，降低更深层盐类的浓度。

三、按需施肥，补充微肥

蔬菜作物大多喜钾肥，这与蔬菜大量吸收硝态氮有关。硝态氮是阴离子，所以作物在吸收阴离子的同时必须吸收钾这样的阳离子，以达到体内离子平衡。多数蔬菜对钾吸收量要高于氮，若仅以有机质形式来补充钾素，远远不能满足蔬菜生产需要，因此要适当增加钾肥的用量。如果钾肥施用过多，就会造成钙、镁等中、微量元素的相对不足。补充中、微量元素，可通过基肥施入的方法，也可采取根外施肥的方法。做基肥时，最好将中、微量元素与有机肥一起施用，这样有利于提高有效成分的利用率；根外喷施时，可多喷施一些螯合态的中、微肥。

第四节　果蔬的温室病虫害防治

温室果蔬栽培适合于各种水果、蔬菜，尤其是栽培投资少、周期短、复种指数高、多次采收、经济效益高的特、优果蔬及高档名品。温室栽培现已成为农业增效和农民增收最直接、最有效的途径。但温室环境具有光照弱、光照分布不均，温度高、昼夜温差大，高湿，有害气体浓度高、二氧化碳浓度低、土壤盐分浓度高，甚至产生次生盐渍化现象等特点；同时由于周年生产、连作，造成设施内生态环境日趋恶化，病虫害发生日益加重。各种病虫害发生规律和特点不同于露地栽培，制定相应的防治对策具有十分重要的意义。

一、病虫害的特点

（一）危害时间长

温室栽培主要可分为抗低温和耐热栽培，即在不适宜于某种果蔬生长的条件下，人为创造适宜于该果蔬生长的小气候环境，进行反季节栽培。由于这种栽培模式休闲时间少，常年连作，所以优越的环境直接为果蔬病虫害的滋生繁殖提供了十分有利的条件，病虫害发生程度高、发生期和有效危害期拉长，甚至周年危害。

(二)土传病害猖獗

随着种植品种单一的专业村、专业户的出现，土传病呈现了高发的趋势。这是因为，温室栽培由于耕作面积小，种植品种单一，缺乏多样性，单作率高，多年种植单一作物不注意轮作换茬，土传病原菌和害虫在土壤中大量积累，造成病虫害流行，使作物蒙受巨大的危害。

(三)生理性病害普遍

温室果蔬栽培是建立在人为控制环境的基础之上的，人工干预性很强，属于高投入、高产出的农业生产。由于设施长年覆盖或季节性覆盖会改变自然状态下的水分平衡，而盲目大量地施用化肥，加之土壤得不到雨水充分淋洗，盐分在土壤表层聚集，会致使作物生理性干旱，根系生长受阻，引起果蔬作物抗逆性减弱。果蔬易发生中毒、沤根、营养失衡等生理性病害。一些次要病虫害逐渐上升为主要病虫害，灰霉病、瓜类菌核病、温室白粉虱，以及黄瓜、番茄的疫病等已开始严重危害温室蔬菜作物。

(四)病虫对化学农药的抗性明显增加

长期以来，防治病虫害往往忽视综合防治，过分依赖化学防治，频繁施药，存在着有病无病乱喷药及滥用农药问题，导致一些病虫害抗性明显增强，屡次发作。采取的应对方法又是加大用药量，增加用药次数，如此以来，周而复始，造成恶性循环，使对病虫的防治难度增加。

二、病虫害综合防治措施

(一)农业防治

选用抗病品种，选用适合当地栽培，具有较强抗病虫、抗逆性的蔬菜品种。

1. 合理轮作、套种

因地制宜进行轮作、套种，既可提高土地资源的利用率，增加生态系统的多样性，又有利于互补降低自然灾害对作物生长的影响，增强作物抗病能力。轮作方法没有统一模式，应根据各地具体情况确定，蔬菜之间、蔬菜与粮食作物之间，都可以进行有效轮作，如葱蒜类同其他蔬菜作物间作、混作或轮作。葱蒜的叶片可挥发出具有辛辣气味的硫化丙烯，其根系能分泌杀菌素，均能有效地阻止病原菌的繁殖及降低土壤中已有病原菌的密度，达到土壤消毒，防止多种蔬菜病害的目的。

2. 加强管理

从播种开始直至果蔬成熟收获，根据季节和果蔬生育期的不同，要及时采取顶部放风，降温排湿，严格控制温湿度，创造有利于果蔬和病虫天敌生长，而不利于病虫发生、发展和为害的环境条件。蔬菜生长期间，要经常清扫温室棚膜上的灰尘，保持棚膜清洁，尽量做到草帘早揭晚盖，延长光照时间，使作物健康强壮，以减轻病害发生。

同时，要加强肥水管理。水分管理上可以采取干湿管理，有条件的可采用膜下暗灌或滴灌技术，保持土壤和设施内空气湿度适度；地面浇水也要尽量进行沟灌，避免大水漫灌。茄果类蔬菜开花以后要限水，以免植株徒长而导致大量落花落果。施肥要采取有机肥与无机肥相结合的方法。有机肥要充分腐熟后再施用，无机肥需氮、磷、钾配合施用，不宜偏施氮肥，并要注意补施微肥，中后期可结合施药进行根外追肥和喷施植物生长调节剂。并且要及时整枝，控制徒长等。

3. 冬季需要深翻

深翻有利于加深耕作层，提高土壤肥力，减轻病虫害的发生。深翻可以将在土壤中越冬的害虫的蛹和虫源以及蛴螬、蜗牛翻到地表上以利于天敌取食，或杀死、冻死；同时还可以将地表的病原菌及病残体深埋土中，减少传播的机会。

4. 温室的清洁

定期清洁温室，及时摘除病叶老叶，清除病残体、田边残株、杂草等，并带出室外深埋或焚烧，增强植株中下部通风透光性，切断病害的传播和蔓延的途径，以减少菌源、虫源。

5. 合理密植

由于温室内通风透光性差，因此要根据不同品种，确定合理的种植密度，防止栽植过密，影响通风透光，诱发病虫害发生。

6. 高垄全地膜覆盖栽培

温室蔬菜采用高垄栽培，不仅可以减少灌溉时作物茎基部与水分直接接触的概率，还可改善作物根际土壤通透性，对茄子黄萎病、辣椒疫病、瓜类枯萎病等土传病害有显著的预防作用。采用全地膜覆盖还能有效降低室内空气湿度，切断病虫害的传播途径，从而减轻病虫害。

7. 嫁接

嫁接可以提高作物丰产性、抗逆性，对一些病害还可起到很好的防治效果，尤其是针对一些作物的枯萎病、黄萎病等病害预防效果非常理想。如黑籽南瓜嫁接黄瓜、托鲁巴姆嫁接茄子对枯萎病、疫病、黄萎病均能达到理想的防病效果，同时对霜霉病、白粉病等其他病害也有较好的防治效果。

8. 温汤浸种

以种量2～3倍的冷水浸种1小时，再放入55℃左右的恒温水中浸种20～30分钟，浸种时要注意不断搅拌种子，然后用室温水冷却催芽或播种，可杀死多种病菌。

9. 高温焖室

利用夏季高温季节温室闲茬时期，进行高温焖室一周，可以达到对温室消毒的效果。主要手段是利用太阳能使室内温度达到60℃以上，能杀死土表及墙体上的病菌和虫卵线虫，消毒土壤，减少土传病害发生，可有效预防枯萎病、青枯病、软腐病等土传病害。

10. 科学套袋

科学套袋后，由于袋体的机械阻隔作用，避免或减少了病原菌对果蔬的侵蚀，从而有效控制了果蔬疫病的发生。套袋材料选用 0.005～0.001 毫米的聚乙烯转光无滴透气膜制作，不同果蔬的套袋时期有所不同，如黄瓜开花前，西葫芦授粉后 1～2天，番茄蘸花后 7～10 天，茄子瞪眼期为套袋的最佳时期。

11. 设置防虫网

在果蔬育苗或生长过程中，设置防虫网阻止害虫迁入温室，能起到防虫、防病效果。

(二)生物防治

1. 利用害虫的趋光性

一些害虫有趋光的特性，如蚜虫、白粉虱、斑潜蝇等，可利用它们的这一特性通过诱杀手段以达到防治的目的。诱杀蚜虫、白粉虱可以用 6 厘米×4 厘米的长方形纸板，涂上黄漆再涂上一层机油，挂在室内，每室 30～40 块，效果非常好；小菜蛾成虫和地老虎成虫可用黑光灯诱杀，也可用树枝、草把诱杀。室内悬挂频振式杀虫灯，对多种害虫有较强的灭杀作用，对环境无污染，可起到保护生态的作用。

2. 保护利用天敌

温室果蔬生长于相对封闭的环境中，为以虫治虫提供了有利条件。可以通过人为释放天敌昆虫来有效地控制害虫，减少化学农药用量。瓢虫、草蛉、丽蚜小蜂、赤眼蜂等捕食性和寄生性天敌对蚜虫、白粉虱等害虫的防治效果比较好。如丽蚜小蜂可以防治温室白粉虱；赤眼蜂可以防治棉铃虫、菜青虫；烟蚜茧蜂可以防治桃蚜、棉蚜等。

3. 应用生物农药

生物农药对环境无污染，同时又可以减轻化学农药对作物的伤害。如 B.T. 乳剂、白僵菌、拟青霉菌、昆虫病毒制剂及农用抗生素、用座壳孢菌剂等可防治温室白粉虱等多种害虫；用农用抗生素如农抗 120、武夷菌素、丰灵、83 增抗剂等可防治多种病害。

（三）化学防治用药原则

（1）对症下药，根据病虫害发生种类，有针对性地选择农药防治。适时、适量用药，根据病虫害的发生规律，严格掌握最佳防治时期和最佳用药量。

（2）交替、混合用药，效果更好。考虑到喷药防治的长远效果，交替使用农药可以延缓病虫产生抗药性；混合用药，可在多种病虫害同时发生时达到一次施药控制多种病虫害的目的。

（3）禁施剧毒农药，要严格执行农药安全使用操作规程，禁止在果蔬生长期使用剧毒及高残留农药。这是一定要注意的。

（4）温室生产中防治病虫害常用喷雾的方法，但该法会增加温室内的湿度，加速病虫害的发生和蔓延。因此，可根据天气变化灵活选用农药剂型和施药方法，尤其是阴雨天气病虫发生时，宜采用烟雾剂或粉尘剂防治，涂茎或沾花果，在封闭的温室内代替喷雾法，不仅可减少用药量和施药次数，减少杀伤天敌和农药残留，避免或延缓病虫产生抗药性，节本省工，还能降低温室内湿度。如烟雾法，农药汽化后，以气体颗粒的形式均匀扩散于整个温室空间，灭杀害虫病菌范围广、彻底，对地上害虫特别是一些不易用喷雾法灭杀的害虫，效果最为理想。

三、温室冻害防治

（一）做好保温

为有效防止温室作物发生冻害，冬天要在温室四周围上草帘子或玉米秸秆，这样可以防止室内温度下降；如果气温过低也可以在草帘上再加盖一层薄草帘或加盖一层塑料薄膜，以有效缓解温室内夜温下降过快；对于处于苗期和植株矮小的作物，也可在室内搭小拱棚，或者在种植沟内施草木灰；冬季下雪后要随时清理温室周围的积雪，防止室温散失，必要时要用薄膜或秸秆包裹温室的后墙。

温室内的温度一定要控制好，晴天应避免温度过高，特别是温度过高时，给温室放风降温要缓，避免室温骤然大起大落。阴天要适当缩短揭掉草帘子的时间，尽量减少出入温室的次数，这样可以有效保持温室内的温度。

（二）增加光照

温室内的气温固然重要，但光照条件也不可忽视，要尽可能增加室内的光照。冬天时要及时清除棚膜上的积雪，以增加室内光照，每天必须保证拉帘 3 小时左右，必要时可以加挂反光幕、高压钠灯等补光措施。

增加温室光照时，应避免发生“闪苗”现象，切忌一下将草帘全部揭开。冬季雪过乍晴时，室内的秧苗不适应强光，这时应避免强光照射，强光会造成蔬菜发蔫。在给温室增加光照时，宜采取“早晚见弱光，中午遮强光”的措施。

（三）提高温度

为有效防止温室内发生冻害现象，可在室内增加一些增温措施。冬季时可在温室内安装热风炉和具有通风设施的火炉，这样就可以在温度低时应急使用；最简单的方法是在温室内生火增温，但是这种方法有很多的弊端。在给温室增加温度的时候，一定要注意防火、防烟、防漏电。

（四）早防病

冬季遇上连续阴雪和低温天气，温室内的空气湿度较大，这时可在室内温度不低于7℃的情况下，适当放风排湿，减少病害发生。这样的天气要特别注意蔬菜疫病、灰霉病的发生和蔓延，一般可采用烟雾剂或粉尘剂进行防治，尽量减少喷雾剂的使用。

在冬季防止农作物病虫害不能盲目施用农药，由于冻害造成的叶片白化和黄化，属生理性病害，要适当应用叶面肥的喷施，以逐渐缓和症状。

可在特殊天气到来时于当日放帘前喷一次300倍果优保，有较好的防冻、防病效果，还有微肥效果。

（五）防坍塌

冬季要及时清除温室和草帘子上的积雪，以减轻温室的压力。如果温室发生了坍塌现象，蔬菜就避免不了发生冻害，使菜农蒙受不必要的损失。对一些跨度大、立柱少、骨架牢固性差的温室，更要及时增加立柱，可有效预防温室坍塌。

(六)及早采收

持续阴雪天前后，生产中注意及早摘除瓜果，防治大量养分消耗。阴雪天后，黄瓜、西葫芦等可能将形成花打顶现象，或者由于冷害或冻害造成叶片黄化或轻度萎蔫，要注意加强营养生长，促秧保苗；冻害发生后，可用植物动力 2003、白砂糖等溶液进行叶面喷施，这样可以提高植株抗冻害能力。

(七)早补种

对遭受冻害严重的温室，应及早将受冻害植株清理出去，并采取积极补救的方法，这样可以减轻冻害的危害，降低损失。补种时，可以采用育苗补种的方法，补种的品种以黄瓜、番瓜为主，育苗空档期可安排生育期短的叶菜类。

第五节 日光温室蔬菜病虫害及防治

近年各地日光温室面积日益扩大，发展势头强劲，但是由于多种原因，不少地区日光温室存在技术管理较差的现象，病虫害危害严重，产量、产值都未达到预期目的，甚至出现绝收现象，严重影响了群众积极性。

一、日光温室蔬菜生态特点

日光温室蔬菜病虫害的发生与日光温室自身的很多特点紧密相关，所以想做好日光温室的病虫害防治，就不能忽略这些问题。

(一)日光温室湿度大

每年的12～2月气候比较寒冷，所以日光温室放帘早，收帘晚，导致了温室通风差，室内空气相对湿度高，甚至可达日均 8～12 个小时处于饱和状态，作物叶片上长时间可见水膜或水滴。

(二)温差悬殊

日光温室由于主要以日光提升室内温度，所以在有阳光的中午最高温度可达 30℃左右，而到了早晨卷帘前温度仅为 6℃左右甚至更低，这样更容易诱发病虫害。

(三)温室条件比较差

日光温室的一些死角光照条件比较差，尤其是不注意室面清洁的温室棚面上，灰尘较多，导致光照条件更差。室内条件与外界条件差异很大，到了冬季室内条件相对比较密闭，通风不好。

日光温室一般栽培同样作物，轮作倒茬条件差，不能有效地杀除土壤中残留的细菌和虫害。

二、日光温室病虫害发生及危害特点

(一)病害问题突出

一般病害发生都要求高湿条件,温室内的高湿及叶面上的水滴或水膜满足了病害的发生条件,尤其是由卵菌引起的西红柿晚疫病、绵疫病、黄瓜霜霉病、辣椒疫病等发病十分严重。

(二)土传病害问题突出

由于倒茬及翻晒困难和菌源逐年积累的原因,导致如立枯病、猝倒病、炭疽病等土传病严重。

(三)灰毒病严重

温差大对灰毒病的发生十分有利,日光温室由于满足了这种条件,一旦发病,温室内的各种作物的灰毒病都将比较严重,有些甚至是毁灭性的。

(四)病发情况有所差异

不同日光温室虽然相离很近,由于栽植情况不同,病害发生情况、种类也有很大差异,如新发展温室第一年病害很轻,但连续多年的温室病害往往很严重。

日光温室作物因低温、光照差造成的和低温有关的生理病害问题十分突出,如西红柿畸形果、黄瓜花打顶、大量的落花落果;害虫问题相对较轻,但温室白粉虱、美洲斑潜蝇的危害日趋严重。

三、日光温室虫害防治

根据日光温室与病害发生的环境特点，加强日光温室综合管理，增强保温、控温管理，注意磷钾肥补给，促进作物健康生长，提高作物的抗病力，尽可能改善日光温室蔬菜生产中的不利条件是防治的基础。

(1)加强温室保温、控温、增温能力，严防冻害发生。在较温暖地区，可考虑利用加双层膜、防冻沟等措施增温、保温。如果偏冷地区或昼夜温差大的地区，为防止少见的天气灾害发生，最好在建立温室时即设置增温设备，以防不测。

(2)搞好温室消毒，彻底清除杂草、残留菜苗，不栽带病虫苗入室，千方百计把病虫害病原隔离在温室外。如发现虫害，可设置黄板、诱蝇纸等工具诱杀；发现个别病叶、虫叶，应及时摘除，防止扩大蔓延。

四、农药使用原则

注意农药的选择与科学使用，不是用药种类越多、剂量投放越大效果越好，而是应当根据病虫情况对症用药。

(一)对症用药

对症用药即根据病、虫种类选择药剂，要选好药选真药。

(二)及时用药

及时用药主要指喷药时间。日光温室很多病害属流行病，潜伏期很短，环境条件对病害比较有利。如果病情不及时控制，将很快蔓延成灾。因此，一旦发现病情，就要采取多种手段尽快控制疫情蔓延。为此在病害始发期选择特效药杀伤菌源，控制流行。

(三)安全合理

用药要坚持以药物对作物、人、畜安全为原则；用药要合理，即用药间隔期和用药稀释倍数及混用必须合理。

强调每次用药的防治质量，减少用药次数。这点对病害及高繁殖率或繁殖速度快的害虫更显重要。注意用药时间。日光温室用药喷雾以叶面露珠干后为宜；喷粉剂以叶面有露为宜；施烟雾剂防治虫以高温效果较好，因为温度高昆虫呼吸作用快，杀虫效果好而快。

(四)合法

必须合法使用农药，国家明令禁止禁用的农药必须停用。必须根据安全间隔期的要求用药，按有关法律使用农药。

(五)到位

不同病虫害发生，危害部位不尽相同。例如，温室白粉虱在植株上，呈立体分布，而且皆停留在叶片背面，因此喷药必须均匀周到，而且要特别注意叶背着药，才能保证防治效果。再如，瓜类灰霉病主要危害果实，着药部位重点是在幼果上，才能保证防效。

五、日光温室病虫害防治及用药

(一)白粉虱

可以用阿克泰、功夫、敌杀死、高效氯氰防治,效果较理想。

(二)美洲斑潜蝇

可以用齐螨素类、阿克泰、功夫防治。

(三)疫病、绵疫病、霜霉病等卵菌病害

以大生、杀毒矾雷多米尔、克霜氰、乙膦铝、病立除药剂防治为宜。

(四)灰霉病

速克灵、世高、病立除、菌立灭均有较好的防治效果,沾花时可按配比将上述几种药中的一种配入沾花液中。

(五)西红柿早疫病

可选用病立除、世高、代森锰锌等。

(六)根茎部位发生的病害

菌核病可选用速克灵、世高;疫病选用杀毒矾、克霜氰;青枯病选用农用链霉素,但要注意施药方法,可将喷头紧贴茎部,使药液顺茎部流到根茎部位以保证防效,比灌根节约药液,同时要注意给根茎部位松土,降低湿度。

(七)西红柿叶霉病

可选用世高、达克宁、病立除、菌立灭进行防治。

(八)各种细菌病害

可喷施农用链霉素进行防治。

(九)各种病毒病害

目前尚无特效药剂防治,但可在育苗期,移栽前、定植后,始花期,喷施金叶康加病毒 A 或其他抗病毒制剂,减轻病情,减少损失,同时要特别注意田园卫生和喷药消灭传毒昆虫。

第六节　温室黄瓜种植

一、品种选择

选择抗病、优质、高产、商品性好、适合市场需求的黄瓜品种。

二、播期

根据市场需求和生物特性,确定适宜播期。由于近年温室建设的增加,黄瓜提早上市规模有所增加。温室栽培主要以春黄瓜为主,其次有夏黄瓜、秋黄瓜。温室春黄瓜栽培,以 1 月下旬至 2 月中旬播种为宜。

三、育苗

(一)营养土配制

育苗床一般选用每盘 50 孔或 72 孔的育苗床育苗,基质一般选用透气性、渗水性好、富含有机质的洁净沙壤土或腐质土，拌入少量腐熟细粪。将基质均匀铺于床内，不宜装满，稍浅可以，一般厚度为10厘米，把催芽后的种子放于穴内，每穴一粒，然后再盖上基质后浇透水。

（二）育苗床土消毒

每平方米播种床用福尔马林30～50毫升，加水3升，喷洒床土，用塑料薄膜闷盖3天后揭膜，待气体散尽后方可播种；或用72.2%霜霉威水剂400倍液进行床面消毒；或用8～10克50%多菌灵与50%福美双混合剂1∶1混合，与15～30千克细土混合，均匀地撒在床面。

（三）种子处理

种子处理一般选择药剂浸种，浸种的方式有两种，可按照自己的需求配制。

枯萎病、黑星病高发的地区可用50%多菌灵可湿性粉剂500倍液浸种1小时，或用福尔马林300倍液浸种1.5小时，捞出洗净催芽即可。

黑星病、炭疽病、病毒病、菌核病高发的地区可选择温汤浸种，即用55℃温水浸种20分钟，用清水冲净后晾干催芽。

（四）催芽

将处理后的种子用湿布包好放在25～30℃条件下催芽1～2天，见到种子“露白尖”后再放到2℃左右的条件下催芽1天即可播种。

四、播种

播种前要浇足底水，使土壤深10厘米处也可保持湿润。待水渗下后用营养土找平床面。种子发芽70%即可均匀撒播，然后覆盖营养土，土厚1.0～1.5厘米。每平方米苗床再用50%多菌灵8克，拌上细土均匀撒于床面上，防治猝倒病。冬春播种育苗床面上覆盖地膜，夏秋床面覆盖遮阳网或稻草，70%的幼苗顶土时可撤除床面覆盖物。

五、苗期管理

（一）发芽期

发芽期指种从萌动到子叶展平的一段时间，一般需10～12天。这段时间黄瓜需水不大，保持一定水分即可。

（二）幼苗期

幼苗期指黄瓜从子叶展平到真叶4叶1心的一段时间。这个时期可以进行温室育苗后的移栽。移栽，可根据栽培季节或天气情况，在早上或傍晚，盖膜前或盖膜后定植于塘内。幼苗期除保证一定湿度外，还应用稀薄腐熟粪水浇一次，帮助提苗。

（三）抽蔓期

从4叶1心至第一条瓜坐住的一段时期是抽蔓期。此期要及早搭架。搭架的方法是用2米高的竹竿或木棍，搭成“人”字架，每墒搭两排，上方用草捆紧，墒子两头或对风的地方再补一根呈三脚架，使其稳固。之后再搭3～4台横杆，横杆也可用线代替。

黄瓜抽蔓后要及时理蔓上架，以主蔓结瓜为主，侧蔓及早打掉。要经常保持土壤湿润，灌水只能灌浅沟水，切忌大水漫灌。

(四)结瓜期

结瓜期指从第一条瓜坐住到植株枯黄死亡的一段时间。此期是需肥水量最大时期，初期每亩施多元复合肥50千克或腐熟饼肥80千克，并保持土壤湿润，以保证产品质量。此期病虫害重，特别是春黄瓜，正值采收期，使用农药一定要把握准确，对症下药，当天采瓜后当天用药，保证安全间隔期。

六、定植

(一)定植标准

按照苗龄35～40天，株高15厘米左右，3叶、4叶1心，子叶完好，节间短粗，叶片浓绿肥后，根系发达，健壮无病的标准挑选定植子苗。

(二)定植前施肥

定植应选择前茬非葫芦科作物如黄瓜、西葫芦、冬瓜、西瓜的温室，每亩施优质农家肥5000千克，氮肥4千克，磷肥6千克。温室栽培一般采用膜下灌水的方式，按大行距70厘米，小行距40厘米，畦高10～15厘米的标准定植，然后覆膜。

温室栽培一般在2月中旬定植，定植密度一般为3000～3500株每亩，具体密度应根据品种特性而定。定植时，应按株距30～35厘米在膜上打孔，双行定植，坐水栽苗。

七、水肥管理

定植后要浇一次缓苗水，以后不旱不浇水。摘根瓜进入结瓜期和盛瓜期后需水量增加，此时应根据季节、长势、天气等因素，采取小水勤浇的原则进行浇灌。

按照少施肥、勤施肥的原则进行施肥，施肥可与浇水结合进行。结瓜初期一般每隔两次水追施一次肥；结瓜盛期可隔一次水追一次肥。采取开沟追施或穴施的方法，每次追施尿素5.5千克，生长中期结合长势追施硫酸钾8千克。另外，在生长中后期，也可叶面喷施磷酸二氢钾和尿素混合液。

八、病虫害的防治

黄瓜的主要病害有霜霉病、疫病、枯萎病、白粉病等。采取水旱轮作，撒施生石灰等农业措施，可以预防上述病害发生。

特别要预防霜霉病的发生。温室黄瓜一般在3月中、下旬开始发生，清明后气温回升到20～24℃时，该病可迅速流行蔓延。为了预防霜霉病，要3月中旬开始，每隔5～7天用25%多菌灵或70%安泰生或58%瑞毒霉500倍液喷雾；霜霉病病斑出现后，可用治疗性药剂72%克露750倍液或

69%安克600倍液进行治疗。阴雨天气可用45%百菌清烟熏剂进行防治,用量为每亩施0.2千克,傍晚关闭温室进行烟熏,第二天早晨通风,与喷药轮换使用。

温室黄瓜虫害主要是蚜虫,可用康福多7000倍液或一遍净2500倍液防治。

第七节　温室番茄种植技术

一、番茄的生长发育条件

番茄,原产南美热带高原原始森林中,为多年生草本植物,喜温耐阴,在温室中栽培寿命可长达2～3年。

(一)温度

番茄为喜温作物,最适宜的生长温度为20～25℃。当温度低于15℃时,可能导致番茄不开花或授粉受精不良,发生落花等生理性障碍;温度低于10℃时,植株停止生长;低于5℃,会引起低温病害;温度在－2～1℃时,番茄可在短时间内受冻死亡。如果温度高于30℃,番茄的同化作用显著降低;温度高于35℃,番茄的生殖生长会受到干扰和破坏;短时间的40℃高温,会对番茄产生生理性干扰,导致落花落果或果实发育不良。

(二)光

番茄喜光而耐阴，适光范围为2000～70000勒克斯。光照不足会导致番茄发育不良，落花严重。番茄是短日照植物，对光照的要求不是特别严格，但在花芽分化期间要求比较严格，多数品种在11～13小时的日照下开花较早，植株生长健壮，而以16小时的光照下生长最好。

（三）水分

番茄根系发达，吸收能力强，且茎叶繁茂，蒸腾作用强，需水量较多。但不能大量灌溉，特别是番茄的幼苗期和开花前期，水分过足会导致幼苗徒长，影响结果。番茄结果期浇水量宜足，以维持土壤含水量的60%～80%为宜。如土壤湿度过大，排水不良，会影响根系正常呼吸，严重时会引起烂根甚至死秧。此外，番茄结果期土壤不宜忽干忽湿，特别是干旱后浇大水易导致番茄发生大量裂果和脐腐病。番茄一般要求空气相对湿度在50%左右，如果空气湿度过大，会阻碍番茄正常授粉，而且易感染病害。

（四）土壤及营养

1. 土壤

番茄适应性强，对土壤要求不严，但为获取高产，应选择耕层深厚，排水良好，富含有机质，保肥保水能力强，透气性好的肥沃壤土。

沙壤土透气性良好，土温上升快，在低温季节栽培可促进植株早熟；黏壤土保肥能力强，能获得高产；微碱性土壤中幼苗生长缓慢，但植株长大后，长势良好，产量高，品质也较好。

2. 营养物质

番茄在生育过程中需从土壤中吸收大量的营养物质，每生产1000千克果实大约需要消耗氮2～3.54千克，五氧化二磷0.95～1千克，氧化钾3.89～6.6千克。这些营养元素的73％存在于果实中，只有27％存在于根、茎、叶等营养器官中。

氮肥对番茄茎叶生长和果实发育有重要作用，保证氮素营养充足，可以使番茄果实饱满硕大；番茄对磷素的吸收量虽不多，但磷素对番茄根系及果实发育作用显著，番茄吸收的磷素绝大多数存在于果实及种子中，幼苗期增施磷肥对花芽分化和生长发育有良好的效果；番茄对钾素需求量最大，尤其是番茄果实迅速膨大期，番茄果实中糖的合成、运转及增高细胞原生质浓度都需要大量的钾素，一旦钾素供应不足，会引起番茄叶片变黄，还会形成大量的筋腐果。

二、温室番茄的栽培

温室番茄的栽培是一项完整的系统工程，须由多项技术措施相互配合完成，每项技术措施都必须认真执行，严格操作。

（一）选用良种

番茄种子必须选用生长势强健、适应性强、耐低温弱光，抗病、抗旱、抗寒、抗药、丰产、优质、耐储运的无限生长型番茄品种。

(二)定植

培育健壮、无病虫害、花芽分化良好的大苗,定植前应浅耕晒垡,火烧垡头,高温焖室,彻底杀灭土壤中的残留病菌、害虫和根结线虫。入室前应给苗消毒,做到净苗入室,适时定植,科学栽植。

深翻改土,科学合理地进行配方施肥。基质一般选用透气性、渗水性好,富含有机质的洁净沙壤土或腐质土,拌入少量腐熟细粪。将基质均匀铺于床内,不宜装满,稍浅可以,一般厚度为 10 厘米。

(三)温度和湿度

科学通风换气,调控室内温度和湿度。要做到及时清擦塑料薄膜,保持薄膜洁净透光;室内张挂反光膜,改善室内光照条件;适时拉揭草帘,用最适宜的生态环境条件满足番茄植株生长发育的需求。

(四)水肥管理

科学浇水、追肥,经常进行根外叶面喷肥,适时、及时、全面地满足番茄对水肥的需求。适当增施二氧化碳气体肥料,以提供光合作用的原料,增强光合效率,增加有机营养的生产。要协调、平衡营养生长与生殖生长的关系,既要保障植株健壮的长势,又要让其不断地分化花芽与开花结果,最大限度地延长其生产周期。

(五)防治病虫害

搞好病虫害无公害综合防治，最大限度地减少各种病虫害的发生，确保植株能够正常、健康地生长发育、开花结果。

要适时并及时摘心、抹芽、疏花、接干、落干、除老叶、除病叶，调控营养生长与生殖生长的关系。这样可以在预防病虫害的同时，保障植株的叶面积的系数处于最佳状态，充分发挥番茄群体的光合能力，并尽力减少消耗，节约有机营养，集中供果。

三、育苗

番茄育苗最好能在7月中旬前后播种、8月上旬前后分苗。此时处于高温、多雨、病虫危害最猖獗的时期，同时也是番茄育苗最为困难的时期。所以为了育苗成功，必须加强育苗期间的管理和病虫害防治。

（一）建立播种苗床

要建立防高温、强光、日烧，防水涝、湿渍，防病虫危害的苗床，才能培育出无病虫危害的健壮番茄苗。

苗床宜选建在干燥、大雨之后无积水的地块。按南北方向整畦，畦底要高于地面10厘米以上，每亩温室需建长8～10米，宽1～1.2米的播种畦。可根据育苗数量多少，适当调整苗床长度。苗床四周设有宽30厘米、深20厘米的降温水沟，沟内灌满井水，气温高时，要及时更换，以便维持苗床温度在30℃以下。

畦底要用长模板刮平、整平，然后在苗床底部铺设

1.5 米宽的无破碎、不漏水的塑料薄膜,薄膜边缘搭在畦埂上。薄膜上应铺设小石子或大粒沙子或碎煤渣,厚度要求达到5 厘米,石子铺好后用木板拍平,上铺 1 层 2 厘米厚的草,草上面铺设营养土。

营养土应选择吸水、保水、保肥能力强,土质松散、透气性好的沙壤土或腐质土,一般可用 2 份充分腐熟粪、5 份经过多次翻晒并过筛的洁净细河沙、3 份锯末,混合均匀配制。营养土铺设厚度为 8 厘米左右,刮平苗床,以备播种。

苗床一端留有 20 厘米×50 厘米左右的灌水穴,另一端留有排水口,通过灌水穴向畦内沙石层内灌井水,水从另一端流入苗床四周的降温水沟内,以便降低苗床温度。然后在苗床降温沟的畦梗上面扎成高 120 厘米、宽 170 厘米的拱棚架,拱棚顶部覆盖宽 220 厘米的无破碎的旧聚氯乙烯无滴膜,薄膜两条边缘及两端各缝接 100 厘米宽的防虫网,以防止蚜虫、斑潜蝇、白粉虱等害虫进入,预防传染病毒和害虫危害秧苗。播种后,把防虫网边缘埋压入沟外土内,严密封闭拱棚,灌水穴应留在棚外。遇高温天气时,苗床从灌水穴内灌井水,通过沙石层流入苗床各部,再经过营养土的毛细管作用,渗灌营养土。利用土壤毛细管渗灌营养土,避免了土壤板结现象发生,使营养土含水量稳定,营养土的固相、气相、液相三者协调合理,始终维持在适宜番茄秧苗根系生长发育的良好状态,保障秧苗健壮,无病虫危害。

(二)种子处理

每亩温室需种子 30～40 克，晒种 1～2天，再用 50～55℃热水烫种 25～30 分钟，放入凉水，降温至 30℃，继续浸种 6～7小时，取出种子，甩净水分，用 10％的磷酸三钠药液或 1％的高锰酸钾药液浸泡 20 分钟，杀菌消毒后用清水充分冲洗，直至药液冲洗干净。

将种子甩净水分后置于土制恒温箱内，以 25～30℃的温度催芽。少量种子发芽后，再将种子放置于－2～0℃的条件下冷冻处理 4～6小时，放于井水内回暖 15 分钟，甩净水分、继续催芽。12 小时后重复冷冻处理 4～6小时，待 70％的种子发芽后即可播种。

（三）播种

播种前先用 3000 倍 2.5％天达高效氯氟氰菊酯药液 6000 倍或 96％天达恶霉灵 600 倍药液细致喷洒苗床，然后播种。

种子要均匀撒播，适宜实行水播，把已经发芽的种子放入盛有清水的洁净搪瓷盆内，以新炊帚搅匀，和水一起均匀甩撒入苗床内，覆土 1 厘米厚，封闭好拱棚的旧薄膜和防虫网。

（四）苗床管理

应将苗床温度维持在 28～30℃，如温度高于 32℃，可再加覆遮阳网遮阳，并及时浇灌井水降温，以利番茄出苗并保持幼苗健壮。番茄幼苗出齐后，可在清晨揭开防虫网，进入室内进行间苗，并拔除杂草、畸形苗、杂品种苗、过大苗、过小苗和过密苗，维持苗距3～5厘米即可。

（五）建立分苗床

当幼苗长到2～4片真叶时要及时分苗，以便改善幼苗的风光条件和营养条件，促进花芽分化，保苗健壮。

每亩温室需建分苗床35.2米左右。9月初以前分苗，苗床建设方法同育苗床。苗床需建多个，并排建在一起，每两个分苗床之间设有30厘米宽的降温水沟，其拱棚可根据总体苗床大小统一搭建。拱棚顶部覆盖旧的聚氯乙烯无滴塑料薄膜，薄膜边缘缝接1米宽的防虫网，幼苗栽植好后把防虫网和两端薄膜的边缘用泥土压严即可。

（六）分苗床营养土配制

用2份充分腐熟的粪面、8份没有种过菜的壤土混合均匀配制，并用3000倍96％天达恶霉灵或3000倍天达高效氯氟氰菊酯药液均匀喷洒杀灭营养土中的病菌和害虫，然后填入苗床中，土层厚8～10厘米。

分苗时要干土起苗，边起苗、边分级、边栽植。株行距要求10～12厘米，成正方形排列。栽后浇透水，水渗后再次覆盖干细营养土0.5厘米厚。分苗后要注意适当遮阳，防止萎蔫。遮阳应只遮直射强光，尽量让幼苗多见散射光，以利幼苗健壮成长。

（七）分苗后管理

分苗后，苗床温度白天应维持在25～30℃，夜间维持在18～23℃。土壤过干时再次覆土0.5～1厘米厚。分苗后要严格控制浇水，防治苗床湿度过大，幼苗徒长；如幼苗长势偏旺，可在2～4片真叶时，喷洒一次4000倍助壮素，并抑制其营养生长，促进幼苗花芽分化。如长势仍偏旺，可在4～6片叶时再喷一次。

（八）病虫害防治

出苗后每7～10天可喷一次6000倍96%天达恶霉灵和200倍红糖和400倍尿素液，或喷洒1500倍天达裕丰和600倍壮苗专用型液，预防病害发生。

若番茄出苗后发生猝倒病或立枯病，可放掉沙石层内的井水，降低苗床湿度，并撒施药土防治。药土可用96%天达恶霉灵，每1平方米苗床用药1克掺加500克细土，或用甲霜灵锰锌，每1平方米苗床用药5克，掺加500克细土，均匀撒苗床。撒后适当中耕，并以鸡毛掸子掸掉叶面上的药土，以利壮苗。

幼苗若发生蚜虫或白粉虱、斑潜蝇等虫害，可叶面喷施1500倍天达啶虫脒，或3000倍2%天达阿维菌素，或2000倍蚜虱速克，要连续细致喷洒2～3次，彻底根除虫害，做到净苗入室。

四、温室番茄的定植

定植应根据幼苗生长情况，决定移栽时间。幼苗长至8～10片叶，显露第一花序时才可以定植。定植时要依照花序生长方向，实行定向栽苗，使花序生长部位处于宽行那边，因为宽行光照充足，利于果实的生长发育，减少筋腐果发生，并且利于以后的田间操作。

定苗之前要进行高温焖室，并杀灭苗床病虫，做到净苗入室。定植前7天和栽植的当天，应对幼苗进行细致喷洒杀虫剂与杀菌剂，彻底铲除病菌与虫害，以预防和减少病虫害的发生。

为了防止移栽散坨，定植前7～8天要停止苗床灌水，使土坨干燥。栽植穴应提前1～2天开好，以减少栽植时的工序，提高栽植速度。栽植时力争整个温室在当天栽完。干土坨移栽后，立即给苗浇水，有利于促进根系吸水、发生新根，可保证秧苗不发生萎蔫，可大大缩短缓苗时间。栽时穴内先浇满水，后放苗。秧苗以花序方向为定向标志，定位卧栽，将土坨侧放之后，将秧苗生长点斜倒向北方，趁穴内有水，轻轻按压土坨和土垄顶部平齐。

穴内水渗干以后，每穴浇灌3000倍96%天达恶霉灵500～1000倍旱涝收药液，每穴150～200毫升，可以改善土壤结构，促进根系发育，预防根部和根茎部病害。栽植当天不要急于封土，待翌日中午，穴温提高后方可封穴，结合封穴，每穴撒施生物有机菌肥30～50克。施肥以后要细致耧锄畦垄，疏松土壤，提高地温，封穴后随即覆盖地膜。封土时要把离花序20厘米以下的茎干浅埋入土内，促发不定根，利于植株健壮，结果部位降低，便于管理和增加着果穗数。覆土时要注意不可按压覆土，以免土壤板结，或压散土坨，伤及根系，影响缓苗。

根据温室内光照条件较弱又不均匀的特点，栽植时要注意调整群体结构，实行变化性合理密植，做到北稀南稠，以提高光能利用率。

温室南部按株距 27～30 厘米，中部按株距 30～35 厘米，北部按株距 35～40 厘米种植。每亩栽植密度为 3000～3200 株，可根据条件适当调整。

五、番茄的温室定植管理

（一）冷害的防治

为了预防低温冷害，提高番茄植株的抗逆能力，幼苗定植后，可喷施药物防治。同时提高温室的保暖性能，增加二氧化碳含量，以增强叶片的光合作用，提高产量和植株的抗冻寒冷、抗旱、抗病性能，确保植株健壮。

（二）调控温度

为了确保番茄植株强壮，果实丰满，要注意结合当地天气调控温度，把温度控制在最适宜番茄生长的范围内。缓苗应确保白天温度在 27～30℃，晚间为 18～20℃；缓苗后白天温度为 23～27℃，夜温为 14～16℃；番茄开花后白天温度应控制在 20～30℃，上半夜温度在 15～18℃，下半夜为 14～15℃；立冬以后逐渐提高白天温度，至冬至时，白天温度提高至 28～33℃，夜温上半夜为 15～16℃，下半夜为 10～12℃；立春后白天开始逐渐降温，至春分时白天降至 25～30℃，夜温为 14～16℃；阴天时确保白天温度为 14～22℃，夜晚温度为10～14℃。

(三)保温透光

番茄为喜温短日光作物，保温透光对番茄的成长起着重要作用。当夜间室外最低温度降至 10℃时，应及时加盖草苫，提高保温效果。草苫应早揭晚盖，清晨出太阳时开始拉苫，20～30 分钟内揭去草苫，让室内多见阳光，下午只要室温不降至 15℃，可以不盖草苫，确保让室内延长见光时间。阴雨天也应揭去草苫，让室内番茄多见散射光，利于番茄的增产和病害的减少。阴天时可适当推迟揭苫，提前盖苫，但绝不可以不揭草苫。拉揭草苫后要注意及时清擦薄膜，保持薄膜光亮，提高透光率。

(四)通风排湿

科学通风有利于排除室内有害气体，降低室内空气湿度，减少病害发生。通风时要注意调整通风量大小与通风时间长短，不可猛然开大口通风。即使室温高时，也应先开小口，后逐渐加大风口，慢慢降温。若操之过急，容易引起闪苗，造成重大损失。

通风一般在清晨、傍晚和夜间进行，通风时先拉开风口，通风排湿，当室内温度降至 16℃时，应关闭风口。傍晚放下草苫以后，在草苫下面拉开风口，只要室内夜间温度不低于作物的适宜温度范围的下限即可，通风口尽量大开。如果发现温度低于适宜温度下限，则需要关闭风口，待清晨拉揭草苫时，同时拉开风口，进行通风排湿，一般通风维持30～45分钟，然后关闭风口，快速提温。这种做法既可有效地降低温室内的空气湿度，又能扩大昼夜温差，从而达到减少营养物质的消耗，增加养分积累，缩短和避开灰霉病等病菌侵蚀发展的阶段，可显著减少病害的发生。

不过通风排湿还应结合室内湿度与番茄的生育状况灵活掌握。如果设施内空气相对湿度高于80%，且作物已经开始发病，则应以通风、降湿为主要目标，只要室内温度不低于作物适宜温度的下限，可尽量加大通风量，快速降低室内空气湿度，以低湿度和较低温度抑制病害的发生。如果室内湿度在70%左右，作物又无病害现象发生，则可适量通风，使温度维持在作物适宜温度范围的上限，并适当高2～4℃，以便提高地温，促进番茄发根和植株的生长发育与增强光合作用。

（五）震动授粉与激素处理

番茄开花时为保证坐果，需进行震动授粉。即等到番茄开花后，用木棒敲击吊秧钢丝，震动植株，进行授粉。当每穗花序开够4朵花时，进行蘸花柄或花蕊，可用丰产剂2号每支对水600～900克，或坐果灵每片对水5000～6000克，或保果宁1号每小包对水1000克药液喷花蕊或蘸花柄，以促进幼果迅速膨大。

为防止灰霉病发生，可在蘸花的药液内加入0.15%速克灵或0.15%扑海因。为避免重复涂药，药液中可掺加广告色以作标志。蘸花要避开中午高温时间，一般选在上午8～10

时之间进行，蘸花时不可对开放的单花进行蘸花，应同时处理2～3朵花，以免坐果后，果实大小不均匀。

(六)营养生长与生殖生长

日光温室栽培番茄，多选无限生长型品种，番茄长势健壮偏旺。定植后若长势偏旺，可用1000倍助壮素喷洒茎叶，抑制营养生长，促进转化。定植后为防止发生分枝过多，消耗养分，可及早抹除二次枝和各叶节间的杈子，植株只保留主蔓。若叶片过密，影响透光，还需摘除过密叶片。基部已失去光合作用能力的老叶、黄叶、重病叶也应及时摘除，以此减少养分消耗，改善叶幕层光照条件，促进光合效率的提高。抹芽，打杈，摘除老叶、病叶应及时，要防止杈子过大造成养分浪费。打杈、摘叶都应该在晴天的10～15时进行，以利于番茄伤口愈合，减少病害侵染。

(七)调整产量高峰

番茄果实季节性差价差异显著，每年2～4月份、8～10月份价格较高，11月至翌年1月份，价格一般，6～7月份价格最低。为提高其经济效益，应把产量高峰期调整在1～5月和8～10月之间。产量高峰的调节主要是通过摘心和肥水管理协调实现的。

若育苗较晚者，11月上旬可不摘心，一直让番茄发育至3月上旬时再摘心。摘心后，在其上部果穗附近留一杈子，其余杈子全部抹除。所留杈子，可留两叶摘心，可连续摘心2次以上，适当抑制其营养生长长势，集中养分养果，提高产量。待采收3～4穗果后，或顶穗果长至山楂大小以后，再让新头继续生长发育、分化花序开花结果，到5月下旬再次在顶花序以上留两叶摘心，并在上部留一分杈，让其重新发育成新干，开花结果。新干所生花序，可于6月中旬开始开花，8月上旬开始成熟。所留的新头于8月中旬摘心，让其结4～6穗果，使果实集中在8～10月份成熟、采收，以获取高产高效。

番茄不断接干，主干可长达3～5米，必须及时落秧，以改善室内风光条件。落秧要在晴天午后进行，落秧前7～10天停止浇水。落秧时，要两人配合操作，先把两行之间前后棵的吊绳轻轻解开，两棵互相调换位置，后卧放基部老秧，再把上部结果部位的新秧重新吊好，使下穗果离开地面30厘米左右。操作时要注意保护老秧，防止折断茎蔓和引起落果。

4月份以后，气温已高，可撤去地膜，新落地部位的茎干可封土埋压，促发不定根。老秧落下后，所留新头，应继续抹芽打杈，蘸花保果。第二次换头时，因秧苗较高，也可以在新头基部留1杈做后备枝，以备换头，后备杈可留两叶摘心，若继续发育可多次摘心，控制长势。待上部果实全部采收后，剪除原头，让后备枝重新发育新头，开花结实。直到8月中旬，再次在顶花序以上两叶摘心，以获取8～10月份的高额产量。

(八)肥水管理

番茄定植后要反复揭膜锄地2～3次，并要锄深、锄细，保持土壤透气性,促进根系发育。基穗果未坐稳前,应严格控制浇水和追肥,保持土壤相对湿度在70%以下、空气湿度60%以下,以利番茄苗壮秧壮、花开得好和提高坐果率。待第一穗果长至核桃大小时方可浇水。在浇水前1～3天,可结合打药喷一次1000倍的缩节氨,并结合浇水追施第一次肥。追肥应以腐熟饼肥或腐熟粪稀为主,每10～20天一次,每次每亩追施饼肥60～100千克或粪稀400～500千克或复合肥30千克。切勿为了提高生长速度而单纯追施纯速效氮肥,以免诱发筋腐果等生理性病害发生。

追肥要随水冲施,具体用量可根据结果量、秧蔓长势灵活掌握。果多秧弱的植株应多施、勤追,反之应少追或不追,或只追磷钾肥。冬至前10天左右,必须在操作行内追施较大量的有机肥料,以激化室内微生物活性,提高严寒时期的土壤温度,增加室内二氧化碳含量,促进2月份以后产量提高。之后,每50～60天追肥一次,每次追施优质圈肥2000～3000千克或饼肥100～150千克。追施圈肥时应做到撒肥、掘翻、浇水、覆地膜同步进行,完成一行再进行下一行。严防撒肥后不能立即深埋并浇水,造成氨气挥发、烧叶现象发生。

浇水要选晴天上午进行,严禁阴天和午后浇水,造成室内湿度增高,地温降低,诱发病害。浇水一般只在盛果期进行,12月至翌年2月份,每20天左右一次,3月份后每10～15天一次。每次浇水后,要注意结膜松土以提高土壤的透气性。

此外，结合喷药还应进行根外追肥，在药液内掺加0.1%～0.2%福乐定和120倍红糖和400倍尿素，或掺加0.3%～0.4%磷酸二氢钾和120倍红糖400倍尿素，或5000倍芸苔素内酯和120倍红糖300倍尿素药液，提高光合效率，促进幼果快速膨大，增加产量，改善品质，提早成熟。同时应注意施用二氧化碳气体肥料，以提高植株光合作用。

（九）越夏阶段管理

夏至以后，我国大部分地区进入高温多雨季节，气温普遍很高，不适宜番茄的生长发育。此时，番茄的授粉受精会发生生理性障碍，难以坐果，会出现病虫危害严重，番茄越夏困难的状况。因此，搞好越夏管理，延长番茄结果寿命，是提高番茄经济效益的一项重要措施。

1. 留膜、通风

入夏以后，不可因为天气炎热而揭去薄膜，正确的做法是保留薄膜，因为此时薄膜已经老化污染，透光率降至50%左右，可起到遮阳降温的作用，温室内温度可比室外温度降低3℃左右，恰好维持在适宜番茄生长发育的适宜温度范围之内，从而可保证番茄正常授粉受精和坐果。为使室内空气对流畅通，及时排除热气，降低室内温度与空气湿度，可采取打开顶风口和底风口的措施。同时要挖好排水沟，防止雨淋、水涝。

2. 抹芽、打杈、摘心

番茄如果长势太过旺盛，可以对其进行抹芽、打杈，严防番茄徒长，引起生育矛盾，造成落花落果。8月上中旬时适时摘心，控制番茄营养生长，确保幼果于拔秧前长成大果。

3. 追肥

6月中旬前后，应在操作行内追施一次有机肥料，以促进土壤通气，激化根系活性，提高吸收能力，维持健壮长势，提高秋季产量，肥量适宜控制在每沟60～80千克。

4. 病虫害防治

首先要在顶风口和底风口处设置防虫网，严防害虫从风口进入温室。如果美洲斑潜蝇、蚜虫、白粉虱、棉铃虫、烟青虫等害虫已经进入室内，并对植株产生危害，要用85%敌敌畏熏蒸杀。

要注意防治叶霉、早疫、灰霉、软腐、溃疡等病害的发生，每10～15天细致喷洒一次1∶1∶200倍等量式波尔多液，或800倍绿乳铜，或77%多宁800倍药液。如果已经发病，可针对病害种类，对症用药，每5～7天喷施1次，连续喷洒2～3次，快速扑灭病害。

同时，还要用丰产剂1号或坐果灵蘸花，确保坐果。

第八节　日光温室草莓套种西瓜栽培

草莓套种西瓜栽培是一种新型高效栽培模式，草莓于8月中下旬至9月上旬定植，元旦、春节开始采收；西瓜于草莓采收的中后期即2月下旬定植，5月中下旬采收。这种种植模式充分发挥了日光温室的增产潜能，可以有效提高单位面积的产出效益。

一、草莓栽培技术

（一）品种选择

草莓要选择休眠性浅、抗病、生长旺盛、花芽分化早、耐寒性好、果实大小整齐、畸形果少、产量高、品质好的品种。

（二）壮苗选择

生产上最好选用在专用育苗圃中培育的假植脱毒的种苗，脱毒苗生长势强，结果数多，单果重量大，早期产果量高且抗病虫能力强。

挑选时应按照具有 5 片以上发育正常的复叶，叶柄短粗，短缩茎直径在 1 厘米以上，须根白色而多，用单株苗重在 16～25 克的幼苗标准来选择。

（三）定植

1．施肥整地

每亩施用优质有机肥 5000 千克，并加入氮磷钾复合肥 50 千克，播撒后深翻土壤 25～30 厘米，使其形成高畦。要求畦呈南北走向，上宽 40 厘米，底宽 60 厘米，畦间距 20 厘米，畦高 25～30 厘米。

2．定植方法

一般可选在 8 月下旬至 9 月上旬定植，定植密度为每畦栽 2 行，株距 15～20 厘米，每亩栽 8000～10000 株。定植时尽量选在阴雨天或晴天下午 4 点以后，使根茎的弓背朝向垄沟方向，以利于通风透光和采收，并做到“上不埋心，下不露根”。

3. 施肥整地

每亩施用优质有机肥 5000 千克，并加入氮磷钾复合肥 50 千克，播撒后深翻土壤 25～30 厘米，使其形成高畦。要求畦呈南北走向，上宽 40 厘米，底宽 60 厘米，畦间距 20 厘米，畦高 25～30 厘米。

（四）定植管理

1. 水肥管理

定植后浇一次水，要浇透，此后的 3～4天内每天浇小水，等到草莓开始生长新叶后，保持土壤见干见湿并进适时进行中耕即可。9 月下旬开始每亩追尿素 10 千克，以促进花芽分化。以后在扣棚前、盖地膜前、果实膨大期、开始采收期、盛果期和收后植株恢复期，均要结合浇水追施氮磷钾复合肥 4～5次，每亩施 8～10 千克。

2. 植株调整

为了帮助植株新叶的健康生长，应及时去掉老叶、枯叶，并连叶鞘一起蜕掉，只保留 5～6片功能叶片即可。

10 月下旬当夜温降到 8℃以后，要及时扣棚，扣棚 10～15 天后即可覆盖黑色地膜。

3. 温度调节

保温初期，温室白天应保持在室温 25～28℃，当室温超过35℃时要及时通风换气;夜温保持在12～15℃之间,不可低于8℃。草莓现蕾后,白天一般室温保持在25～28℃即可,夜温以10℃最为适宜,一般不可超过13℃;草莓开花期,白天要求温度保持在23～25℃,夜间保持在8～10℃;草莓果实生长期,白天温度达到20～25℃即可,夜温6～8℃;草莓采收期,要求白天室温为20～23℃,夜间为5～8℃。

4. 辅助授粉

采用蜜蜂授粉可以提高坐果率,做法是在草莓开花前的7～8天将蜂箱放入温室内,每栋温室一箱蜜蜂即可。为了防止蜜蜂逃逸,风口处要预留防虫网。

(五)采收

采收期为元旦至5月底,当果实有80%以上着色者即可采摘。

二、套种西瓜栽培技术

(一)品种选择

西瓜可以选用早熟、丰产、优质的小型品种,如红小帅、黄小帅、京秀等。

(二)壮苗选择

一般可选择苗龄30～35天,三叶一心,下胚轴粗壮,子叶肥大完整,真叶舒展,叶色浓绿,根系发育良好,幼苗生长大小一致的优良苗种。

(三)苗床准备

整平育苗地，铺设地热线。用营养块育苗，将营养块摆放成行，底水要浇透，使营养块完全膨胀。

（四）种子处理

播种前先用55℃温水浸种，搅拌15分钟后浸泡6～8小时，然后将浸种后的种子放在28～30℃的恒温箱中催芽。以80％的种子胚根长至1～2毫米时为播种原则。

（五）播种

一般选择在1月中下旬的晴天进行播种。播种时种子要平放，播种后上覆1～1.5厘米厚的营养土，并在苗床上加盖小拱棚。

1. 苗期管理

播种后温室内温度应该保持在28～30℃，地温保持在18～20℃；西瓜出苗后应适当降温，白天保持在20～25℃，夜间保持15～18℃；当西瓜真叶展开后，可适当升温，白天温度保持在22～26℃，夜间保持在16～18℃；西瓜定植前一周，要逐步降温，使幼苗具有一定的抗寒能力。西瓜对水分的要求是宁干勿湿，出苗前不浇水，出苗后保持营养块湿润即可。浇水多选在晴天中午进行。

2. 定植

定植时间选择在2月底至3月初的晴天上午，在套种西瓜的草莓畦中央按株距50厘米挖定植穴，将西瓜苗隔畦单行定植于草莓畦的中央。

（六）采收

小西瓜从开花到成熟大约需要28～30天，可以依授粉标记日期，适时采收。

（七）后期管理

1. 水肥管理

从西瓜苗定植到西瓜伸蔓前浇水量不宜过大，这样有利于地温的提高；西瓜伸蔓期每亩追施复合肥20千克；西瓜开花坐果期不需浇水；膨瓜期应结合浇水每亩追施复合肥20千克，钾肥10千克；西瓜定个后每10天左右浇一次水，采收前7天停止浇水。

2. 温度管理

缓苗期白天室温维持在30℃左右，夜间为15℃；西瓜发棵期，室温最好维持在白天22～25℃，夜间12℃以上；西瓜伸蔓期应适度调高室温，控制在白天25～28℃，夜间15℃以上为宜；开花结果期白天室温保持在30～32℃，夜间要相应提高温度，以利于花器发育、授粉、受精和促进果实发育。

3. 吊蔓、整枝与留果

当瓜蔓长到50厘米左右时，开始吊绳，以后每隔5叶引蔓1次。整枝须留主蔓并在基部留2个侧蔓，将主蔓和其中一侧蔓进行吊蔓。一般要求用主蔓或侧蔓上第二、三雌花坐果。

4. 人工授粉

人工授粉可以控制坐果节位，提高坐果率，授粉宜选在上午8～10时。具体做法：摘下正常开放的雄花，将花粉均匀涂抹在开放的雌花柱头上，授粉后要标记授粉日期。

5. 吊瓜

当幼果长到 0.5 千克左右时进行吊瓜，即用塑料网套在瓜上，或用塑料绳系在瓜柄上，将瓜固定在架上。